岩土工程
光纤光栅监测理论与实践

张 鸿 徐 斌 刘优平 著

中国建筑工业出版社

图书在版编目（CIP）数据

岩土工程光纤光栅监测理论与实践/张鸿等著. —北京：中国建筑工业出版社，2018.2
ISBN 978-7-112-21702-1

Ⅰ. ①岩… Ⅱ. ①张… Ⅲ. ①岩土工程-光纤光栅-监测-研究 Ⅳ. ①TU4

中国版本图书馆 CIP 数据核字（2017）第 325547 号

光纤光栅的工程应用正逐步趋于成熟，光栅技术和传感器技术水平不断提高，光纤光栅传感的迅速发展使其在土木工程领域大有替代传统监测技术的趋势。本书重点介绍了近年来作者在高速公路软基沉降监测、高边坡变形安全监测中相关光纤光栅传感器的研发和工程应用情况，以期推动光纤光栅传感技术在我国岩土工程监测中的应用。全书共分为 9 章，分别为绪论、光纤光栅基本原理、光纤光栅写入方法、光纤光栅传感器、光纤光栅大量程位移传感器的研发、公路软基智能信息化监测系统的开发、公路软基施工常规仪器监测与工程应用、公路软基智能光纤监测系统工程应用、基于光纤光栅传感技术的测斜仪研发与工程应用。

本书适合从事岩土工程监测的工程技术人员和科研人员，也可供高等院校相关专业师生参考。

责任编辑：杨　允
责任设计：李志立
责任校对：张　颖

岩土工程光纤光栅监测理论与实践

张　鸿　徐　斌　刘优平　著

*

中国建筑工业出版社出版、发行（北京海淀三里河路 9 号）
各地新华书店、建筑书店经销
霸州市顺浩图文科技发展有限公司制版
廊坊市海涛印刷有限公司印刷

*

开本：787×1092 毫米　1/16　印张：10¾　字数：264 千字
2018 年 4 月第一版　　2018 年 4 月第一次印刷
定价：**40.00 元**
ISBN 978-7-112-21702-1
（31552）

前　　言

由于岩土工程（如软土地基、边坡工程、基坑工程、大型水库和尾矿库大坝等）的复杂性和受到现有研究水平的限制，人们对大型岩土工程的监测给予了高度重视。无论是在生产实践还是在科学研究中，岩土工程监测已被广泛应用，岩土工程监测已成为掌握岩土体与结构的受力变形动态、确保工程安全、了解失稳机理和开展安全预警预报的重要手段。

传感监测技术是工程监测系统的重要组成部分，它为工程监测提供精确、可靠的基础性测量数据。常规的传感器，如差动电阻式、钢弦式、电阻应变计式和电感式传感器等，普遍存在抗干扰性、耐久性和长期稳定性等较差的缺点，难以适应现代工程监测的要求。而近年来兴起的光纤光栅传感器则具有抗电磁干扰、防水防潮、抗腐蚀和耐久性长等特点，对监测对象的材料性能和力学参数等影响较小。另外，光纤传感技术采用光纤进行信号传输，传输损耗小，容易实现远距离信号传输和自动监测控制。光纤传感技术正是由于以上优点而成为工程监测系统中的研究热点，国内外学者在土木工程、水利工程和航空航天等领域已经开展了广泛的光纤传感技术理论和应用研究，取得了一系列研究成果，但是在岩土工程的安全和健康监测中，所见系统的研究报道不多，这主要是由于岩土工程本身的复杂性所决定的。

由于光纤与松散岩土体变形不协调以及光纤传感器封装和现场埋设困难，导致光纤传感技术在岩土工程监测领域应用发展比较滞后。近十年来，在岩土工程光纤光栅监测研究领域，作者及其研究团队在模型试验、现场试验、理论研究、数值模拟等方面开展了一系列研究工作，研发了适合于高速公路软基大变形监测的光纤光栅位移传感器，在传感技术研发领域实现了重大突破；建立了软基监测光纤传感现场数据采集系统，开发了在软基中封装和埋设光纤传感器的新技术；研发了一种监测岩土体内部变形的光纤光栅测斜装置及测斜计算方法，解决了现有测斜仪存在精度低、使用寿命短、数据处理不及时、暴雨等恶劣天气无法监测等难题；研究开发了软基和高边坡智能光纤在线监测系统，实现了软基和高边坡安全监测的智能信息化，部分成果取得了发明专利授权，研究成果在江西省德昌高速公路、九江绕城高速公路、万宜高速公路等多个项目上进行了工程应用，本书即是这些研究成果的总结。本书重点介绍了近年来作者在高速公路软基沉降监测、高边坡变形安全监测中相关光纤光栅传感器的研发和工程应用情况，以期推动光纤光栅传感技术在我国岩土工程监测中的应用。

本书研究工作得到了国家自然科学基金项目（51569016）、江西省科技计划项目（2010BGB01302、20151BBG70060）、江西省教育厅科技项目（GJJ161101、GJJ151096）和江西省优势科技创新团队重点项目（20171BCB19001）、江西省主要学科学术和技术带头人计划（20172BCB22022）、南昌市 2017 年优势科技创新团队项目（2017CXTD012）的资助，在此表示感谢。感谢南昌工程学院岩土工程研究所的全体老师对作者研究工作的支持和帮助！感谢南昌工程学院对本书出版的大力支持！

由于作者水平有限，书中难免存在不足之处，恳请专家和读者批评指正。

2017 年 12 月

目　　录

第 1 章 绪 论

1.1 研究背景与意义

随着我国国民经济的快速发展，国家基础设施建设迅速，尤其是近年来高速公路、高速铁路等交通设施建设突飞猛进，而我国长期以来的工程技术发展中存在着重建设、轻维护等现象，再受限于现有的工程监测技术水平以及后续投入经费等原因，导致诸如桥梁、隧道、边坡、软基以及高层建筑等重大工程的安全监测与维护相对缺失，多数情况下都是在工程出现危险或灾害已经发生后才开始考虑工程结构安全健康监测。

我国幅员辽阔，高速公路建设不可避免要穿过软土地基区域，特别是东部沿海诸省，这些地区的地质环境，大部分为河相、海相或泻湖相沉积层，在地质史上属于第四纪全新世 Q_4 的土层。土类多为淤泥、淤泥质黏土、淤泥质粉质黏土及淤泥夹砂层，属于饱和的正常固结软黏土。这些土类的主要特点：含水量高、孔隙比大、压缩性高、强度低、透水性小、灵敏度大。这些特性给高速公路的建设带来不少弊病，有的甚至成为工程成败的关键，因此，软土地基的处理就成为高速公路建设的一个关键问题。如果处理不当，就会产生以下一些问题[1]：（1）路堤整体滑动，桥台破坏；（2）构筑物与路堤衔接处差异沉降，引起桥头跳车及路面破坏；（3）涵身、通道凹陷，沉降缝拉宽而漏水；（4）路面横坡变缓、造成积水等。如日本常磐高速公路神田桥从 1986 年 9 月 20 日通车后，19 个月中平均每月修补一次错台，严重影响了路面质量和通行能力；我国沪嘉高速公路通车 4～5 个月后桥头错台大者达 7～8m，导致行车速度大为下降；江苏宁连一级公路，由于软基沉降问题，使路面开裂，桥头错台，通车几年来一直小修不断。随着高速公路、高速铁路的修建，软土问题越来越突出，已成为影响工程质量、工程周期和工程造价的关键因素之一。因此，加强高速公路软基处理和沉降监测的研究，已经成为我国交通事业发展的一个非常重要课题。

与此同时，随着我国中西部山区交通事业的快速发展，公路建设过程中不可避免地开挖产生了大量的岩土边坡，这些岩土边坡的自身稳定性制约着公路的安全运营。2003 年 5月 22 日，兰州至临洮高速公路第 11 合同段 K58＋820m 左侧上边坡发生坍塌，将 8 个正在施工的民工埋入土体中，造成 7 人死亡，1 人受伤的重大事故。2010 年 07 月 06 日，渝武高速公路 K930＋600 处高边坡段发生垮塌，垮塌 10 万 m³ 土石，造成双向车道被埋，高速公路中断，所幸未造成人员伤亡事故，此次是边坡垮塌中断交通 4 天。因此对地质灾害开展有效的监测，对灾害提前做出预警，可以有效避让自然灾害，减小或避免灾害损失。对于边坡工程尤其是高陡边坡开展长期、有效的安全监测预警技术与应用研究有着重要的理论和实际意义，主要体现在以下方面[2]：可以对边坡的稳定、安全做出预警，为边坡的施工、使用过程中提供变形等重要监测信息，对可能出现的危险提供分析资料和科学依据；为研究滑坡及边坡的滑动蠕动变形等提供技术依据，通过监测可以对边坡岩土体内部的变形特征和趋势提供有价值的参数依据；对于开展过监测技术后发生滑坡或者崩塌的边坡，滑坡过程中的监测数据信息也是重要的分析资料，对研究边坡的形变规律和预警防治具有重要科学价值；为边坡稳定性分析模型研究提供科学数值信息，边坡稳定分析模型的理论研究离不开工程实际的监测得到的数据。

1.2　国内外研究概况

1.2.1　软基监测研究现状

　　路堤作为道路路基的主要结构形式之一，对道路的使用品质、行车安全、修建和运营经济性等起着至关重要的作用。为适应这一发展的需要，近年来在路堤设计理论和方法、填筑材料和施工工艺、边坡稳定、养护技术和管理方面开展了大量的研究工作，积累了一定的经验，提高了路堤工程的理论水平和技术水平。但软基路堤的沉降问题，一直是铁路、公路路基需要研究解决的主要问题。对路堤沉降性状的分析研究，不仅是正确认识和评价路基稳定性的基础，也是提高路基设计水平，发展施工控制技术的有效途径。高路堤自重应力大、应力水平高，由填土自身压缩产生的沉降较为可观，过大的沉降会对公路和铁路的路基本身及路面结构产生危害。因此，世界各国历来十分重视对路堤沉降分析计算的研究。然而由于问题本身的复杂性和土力学理论的不成熟，目前对非饱和土高路堤的沉降规律尚缺乏合理的理论计算方法，尤其是对于高速铁路和公路，其沉降控制的要求更高，但国内外尚无同类工程的可靠技术成果和工程经验，可供应用的系统观测资料尤其缺少，这原因不仅在于填土体累积沉降量难以确定，还在于施工过程中堤身、堤基发生的沉降量占总的累积沉降量的比例也难以明确[3]。

　　20 世纪 80 年代以来，我国众多岩土工作者对工程沉降观测工作展开了研究，监测技术取得了显著的进展。高速公路、一级公路、铁路一般进行二等或二等以下的水准观测，设备主要为水准仪、经纬仪、分层沉降仪、电磁式分层沉降仪、垂直变位仪、垂直相对变位仪、沉降管。碾压土石坝垂向观测设备与公路、铁路相似。机场进行二等或二等以上的水准观测，设备主要为水准仪、铟钢尺等。

　　目前，我们国家的道路施工监测路基沉降的方法基本都采用沉降板法这一传统方法。沉降板法是在道路施工期间在路基下铺设一块沉降板，记录其高度。然后再路基铺设完毕后测出沉降板高度，然后根据高度差来显示路基沉降情况。这种沉降板法使用传统的测量仪器，精度为 1mm；并且体积大，安装不便，测点易损，不可恢复；需要人工逐点测量，不能自动获取数据；阴雨天气无法测量，间断的获取数据；长期人工测量费用高；人工测量误差不可避免，计算、绘图不方便；不能实现多层测量。另外沉降板法只能在施工期间测量，一旦道路修好通车，便无法继续监测到路基沉降的状况，缺乏长期性。另外还有类似的水准测量法、监测桩法和沉降水杯法等。从目前沉降监测技术来看，还是主要以人工使用传统仪器测量为主，这种方法只能在高速公路施工期间进行测量，或者在公路运营后定期的测量，不能全天候自动获取沉降数据，需要人工逐点测量，长期人工测量费用高、误差大。

总之，我国高速公路软基沉降监测存在自动化程度及仪器可靠性低、数据不及时、测量精度低等现象，影响软基监测的效果和工后沉降的预测，不利于信息化施工。

1.2.2 边坡监测研究现状

边坡是指山体、土体等在自然作用下或者人为开挖而形成的具有一定坡度临空面，因此按照边坡的形成形式可将其分为自然边坡和人工边坡，一般将度超过 20m 的土质边坡以及高度超过 30m 的岩质边坡认为是高边坡。边坡工程常见于人们的日常生活——大坝水库开挖形成的边坡、交通沿线的边坡、临山建筑边坡等等，山区交通工程的主要形式就是高架桥梁、隧道和边坡，以找到可以直接铺轨筑路的平整地段。而对于铁路线来讲，其勘察设计线路管尽可能地避免地质危害严重地带，但由于铁路线自身需要尽可能的直线通，转弯半径最小限制等特征，铁路沿线的土木工程比公路更为复杂，对于桥、隧道、边坡这三种工程，边坡的稳定问题尤为突出，对交通线的安全威胁大。

边坡的稳定问题直接关系到工程安全，对高危边坡开展有效的监测，及时了解和跟踪其变形趋势，分析其潜在的失稳区域，掌握边坡的整体动态，对于预防和避免灾害的发生意义重大。边坡监测的主要目的就是获得其潜在滑动区域的变形走势、变形速率、应力状态等科学数据，再结合岩土力学等相关理论，研究分析边坡的稳定性。因此获得边坡准确、有效、全面的状态数据信息，是开展边坡安全研究的基础，而监测方法、监测技术能否合理、有效至关重要。

边坡监测是一个典型的古老而又常新的课题，是现代岩土工程领域持续研究的热点问题。现代意义上的边坡监测始于 20 世纪 40 年代，当时的日本研究人员斋藤迪孝开展了有关边坡稳定以及失稳滑坡预测方面到的工作。随着科学技术的不断发展，目前，各种新的监测方法和先进科学仪器不断投入到边坡工程中，边坡监测的两个最主要的内容就是变形位移监测和应力状态监测[4-7]，其监测技术的发展历程如下：

1. 变形位移监测

边坡的变形监测主要包括边坡内部的不同深度处的水平变形和边坡表面的滑动变形位移。坡体内部变形表征的是整个边坡的运动状态与趋势，一直以来都是边坡监测的重点对象。边坡表面滑动位移监测，主要是考虑到即使坡体内部没有变形位移的发生，表面在风化、雨水的作用下也经常出现崩塌等现象，因此内部和表面两个方面的监测都不可或缺。

（1）简易观测：即人员的现场巡视与观测，主要是指有关技术工作人员在高危边坡失稳的影响范围里开展周期的观测，定期用皮尺等计量工具测量裂缝开裂大小、趋势等，并作出相应颜色等明显的标示警示等。依靠技术人员的肉眼观测，可以发现边坡较为明显的变形，例如坡面明显的裂缝、塌陷，但肉眼无法查看到边坡表面和内部的微小形变与积累，因此无法达到微观、实时监测，从工程监测与预警要求来讲，人员的现场巡测可以作为自动化监测的有效补充而不是主要方法。这种人员观测法一直伴随着边坡工程的发展，尽管目前有很多自动化的监测仪器，但该方法仍不可或缺。

（2）设立监测站点观测：是指在远离边坡变形之外的地方建立固定测点，利用各种观测仪器定期监视边坡上某一坐标点的变形位移。主要监测技术手段有利用经纬仪、水准仪等开展的大地测量、利用 GPS 全球定位系统开展的地表位移监测、利用近景摄影技术开展的观测点三维坐标变化监测。GPS 监测技术是伴随着美国 GPS 定位卫星的全部到位后，逐步在边坡领域应用，该方面的应用基本在 20 世纪 90 年代以后。近景摄影测量技术的应用从 20 世纪 70 年代开始的[8]，是摄影测量和遥感测量的重要组成。从我国有记录的使用情况来看，最早在 1981 年，在西汉华银粮仓和大明宫遗址的测绘上使用了该方法，在后续的近 30 年里，该方法在精密摄影仪器技术的不断发展支撑下，已经非常成熟。设站观测法，还是人工周期的开展变形记录，自动化程度并不高，且无法达到在线监测。

（3）测斜仪器观测：通过在边坡上安装有关仪器，监测内部及坡面的变形。最常用的监测仪器就是测斜仪[9,10]，一般是需要先在边坡上钻孔，埋入带有导槽的测斜管，测斜仪沿着导槽放入。通过记录不同深度处的测斜仪读数，推导处随着测斜管变形的坡体内部变形。我国最早是在 1955 年从苏联引进的 HIII-2 等型号的测斜仪[11]，到 1959 年才有了第一家测斜仪生产厂家。70~80 年代是我国测斜仪技术发展最快的一段时期，在各个矿区、水库等的边坡变形监测中不断应用。目前国内外的测斜仪技术日趋成熟，也是目前主流的边坡变形测量手段，但其使用方法和监测形式等没有改变，一直是由人员定期地将仪器放入测斜管内，周期性的开展变形记录。

（4）光纤传感测量：利用光纤传感器技术监测，按照传感原理的不同，基本可分为布里渊散射光时域反射监测技术（BOTDR）和光纤光栅（FBG）技术。BOTDR 技术是通过检测作用在光纤上的变形带来的光强度的变化来分析变形信息的，而 FBG 技术主要是通过检测其中心波长的变化来分析外界的变形信息。

2007 年，剑桥大学的 Hisham Mohamad[12] 等人利用分布式光纤传感器系统制作了深部测斜仪，对边坡抗滑桩进行监测，对比抗滑桩的变形，验证了光纤传感用于深部位移测量的可行性。同年，克兰菲尔德大学的 G. Kister[13] 等人将 16 个封装保护好的光纤光栅串埋入混凝土应变桩内，监测浇注过程以及后续凝固受力时中的温度和应变变化，取得了良好的监测效果。2010 年，香港理工大学的裴华富[14,15] 等人提出了一种光纤光栅边坡原位测斜技术，提出了一种差分方程来推导测斜管上的光纤光栅应变和弯曲变形之间的关系，并将该光纤光栅测斜仪应该到工程实际。

国内方面，南京大学对 BOTDR 技术在边坡等土木工程上开展的研究和应用较多，例如 2005 年丁勇[16] 等人设计了一种基于光纤应变监测（BOTDR）技术的边坡模型加载监测网络，该传感网络能够精确的分析发生异常的区域和应变大小，2008 年隋海波等人[17,18] 将设计的 BOTDR 变形监测系统安装在实际工程的破体内，该边坡的变形实施分布式监测，取得了较好的效果。同年浙江大学的李焕强[19,20] 等结合光纤 BOTDR 和 FBG 技术进行边坡模型试验的坡面变形测量。总体来讲，光纤传感是边坡监测中的一种新技术，发展迅猛，但目前仍处于实验科研和验证阶段，各种传感器技术水平、安装施工工艺等不够成熟。

2. 边坡内部应力监测

主要包括坡内岩土压力监测和边坡加固支护结构如锚杆、框架梁等的应力监测。岩土压力监测主要使用的仪器为土压力传感器，国内外对于土压力传感器的研究报道很多，集中在传感器的标定方法和安装方法上的研究较多，这是因为不同的标定测试方法和安装方式对于传感器的输出结果有很大影响。

例如，Gregory[21] 等指出了土压力传感器因工作环境土壤作用力的分均匀分布而带来的测量结果的不同，这使得土压力的测量参数变得更为复杂。Kinya Miura 等[22]指出了土压力传感器工作环境中的砂砾碎石带来的压力分布分均匀而导致的传感器测量误差。分析不同尺寸的碎石介质带来的不同误差及分布规律，试验结果对传感器的后续安装使用有指导作用。Ahangari 等[23]指出土压力传感器自身材料刚度往往很难与其工作环境中介质的刚度一致，带来压力传递的"拱效应"，进而导致测量精度误差。同时，基于光纤光栅原理的土压力测量方法也在最近十几年迅速发展，王俊杰等[24]设计了一种差动式的 FBG土压力传感器。

锚杆测力方面，最初的锚杆预应力等检测大都是通过电阻应变片布置在锚头的外部测力结构上来实现的，光纤光栅技术的出现，使锚杆测力技术得到飞跃发展，例如，2005年，姜德生[25]等人通过在锚杆上粘贴固定光纤光栅来测量锚固过程中的应变变化，2009年又将光纤光栅锚杆应变计应用到宜万铁路工程防护中[26]。目前光纤光栅的锚杆测力技术，主要是对工程用锚杆表面打磨清洁，直接布置粘贴光纤光栅，再施加尾纤保护等，然后放入边坡锚固。这种方法无法对锚杆实施标定，不同的粘贴光栅由于工艺等的不同，灵敏度有一定差异，不经过标定就直接应用，测量误差较大。

1.2.3　光纤光栅传感的工程应用现状

光纤传感器因其具备体积小、重量轻、光信号不受电磁干扰、可大规模组网测量、光信号沿光纤远距离传输等优势而备受重视[27,28]。光纤传感技术在军事、大型结构工程、土木工程以及大型机械装备等领域的应用发展迅速[29-31]。光纤光栅传感是光纤传感领域的一个重要方面，国内外对该技术领域研究的十分炽热，近 20 年来，光纤光栅传感技术得到了广泛推广和应用，在诸如大型土木工程、机械装备等领域得到越来越多的应用。

土木工程结构的受力、应变状态等关键物理量对于诸如桥梁、隧道、边坡、高层建筑等的安全和维护至关主要（结构健康监测），光纤光栅在大型土木工程中的结构状态监测应用最早始于 1993 年的加拿大 Raymond[32]桥梁上，在后续的光纤光栅传感的工程应用报道中，运用最多的领域仍为土木工程领域，特别是桥梁领域。1996 年，瑞士联邦材料测试与研究实验室的学者以其使用光纤光栅长期开展长期监测的工程为例，说明了光纤光栅传感的可靠性、适用性以及可持续性，并预测光纤光栅在封装合理的情况下其寿命可以达到半个世纪以上[33]。1997 年，瑞士联邦理工学院的 Kronenberg[34]等人对该国和法国交界处的水电站大坝安装了两个光纤变形传感器，监测大坝坝体的相对位移。水电站复杂的电磁环境下，电信号类传感器的适用性受到影响，光纤传感器表现出了优越性能。2001年瑞士学者 Inaudi[35]详细介绍了他们在 9 年的时间里开展的光纤光栅在建筑、桥梁、隧道、大坝、管道、锚杆上的应用情况。2005 年，谢利菲尔德大学和南洋理工大学的研究人员[36]研制了一种新型光纤光栅应变传感器和温度传感器，并应用在高速公路大桥上测量动态应变、静态应变和温度，该研究和应用结果证明了只要光纤光栅经过合理的封装，就能够有效的应用在桥梁工程等恶劣环境下。2006 年，香港理工大学的研究人员[37]在TsingMa 大桥的吊索、摇轴支座以及构架梁等上安装了四十余个光纤光栅传感器开展结构健康监测，光纤光栅传感器的杰出性能表现与大桥上安装的一套 Wind and StructuralHealth System 一致。2013 年，伦敦城市大学的 Richard[38]等对孟买的一座有结构稳定问题的铁路大桥开展了状态监测。在实验室测试对比了几种商业光纤光栅传感器的性能选择了性能最佳的应变传感器安装在大桥的箱梁内部，监测列车行驶过程中桥梁的应变分布情况。

国内开始光纤光栅传感技术的研究时间几乎是与国外同步的，但受到我国整体科技水平的影响，光纤传感的技术水平不如国外，但仍有很多企业、高校和研究机构等一直开展研究，并取得骄人成绩。市场上也出现了很多诸如用于大型土木工程安全监测的光纤光栅锚杆计、锚索计、土压计、位移计、混凝土应变计等测试产品。国内高校像武汉理工大学、大连理工大学、哈尔滨工业大学等在光纤光栅技术的工程结构安全监测中的研究成果突出。2004 年，哈尔滨工业大学研究人员[39]在呼兰河大桥的建造施工过程中埋入了 12个光纤光栅应变传感器和三个温度传感器，成功的监测到了大桥的箱梁施加预应力过程中的应变变化、运行过程中的应变分布、温度变化等状态参数。哈尔滨工业大学和杉杉集团组建的宁波杉工结构健康监测公司，具有较为成熟的光纤光栅结构健康监测技术，在象山港大桥、九江长江大桥、天津西河大桥等工程上得到应用[40]。2007 年，武汉理工大学通过在武汉长江二桥的吊索上安装光纤光栅振动传感器，根据弦振动频率法反推拉索的工作拉力，获得了不同行车状况下的拉索载荷分布情况，得到了桥梁运行的重要参数，为掌握大桥的运营状态和结构维护提供了有效的科学数据。武汉理工大学创办的理工光科公司，广泛开展土木工程领域的结构健康监测研究，在国内多个桥梁工程上安装了光纤光栅长期安全监测系统。

近十年来，光纤光栅在边坡工程监测方面逐步发展并得到应用，2005 年，姜德生[25]等将光纤光栅应用在水布垭水利工程的锚杆应力监测中，介绍了具体的光纤光栅在锚杆上的粘贴布设工艺，锚杆施工时的安装工艺、张拉测试等。同年，丁勇等[16]设计了一种用于边坡稳定监测的光纤传感网络。利用分布式光纤应变监测技术（BOTDR），将光纤按一定方式铺设成测点网，埋入边坡表面以下一定位置，通过监测光纤的应变变化，推算出边坡的表面变形。对室内模型进行的加载实验表明，该网络对悬挂重物而引起的表面变形很敏感，且能够精确分析发生异常的区域和应变大小，进而对表面变形状态进行三维模拟。

2007 年，剑桥大学的 Hisham Mohamad[41]以伦敦一因正在施工开挖的地下室而形成的边坡为研究对象，在边坡挡土墙一侧安装光纤传感器监测挡土墙的变形，并在邻近挡土墙上安装倾角仪，光纤传感器与倾角仪器取得一致的测量结果。文章还对两种测量技术的优缺点进行了对比讨论。2008 年，裴华富等[42]利用光纤布拉格光栅传感器，设计了锚杆测力计和一种光纤光栅测斜仪，并应用到攀田高速公路高边坡工程的健康监测中。2009年，南秋明等[26]以宜万铁路项目为工程背景，针对该线边坡治理的几种措施，提出了相应的光纤光栅传感监测技术，主要包括锚桩应力监测、防护网锚拉绳拉力监测、土压力监测来评估边坡和支护结构的变形、受力及周围环境的变化。

1.3　本书的主要内容

光纤光栅的工程应用正逐步趋于成熟，光栅技术和传感器技术水平不断提高，光纤光栅传感的迅速发展使其在土木工程领域大有替代传统监测技术的趋势。但是在岩土工程的安全和健康监测中，所见系统的研究报道不多，这主要是由于岩土工程本身的复杂性所决定的。

在岩土工程土体变形监测中，光纤传感技术的应用尚处于起步阶段，这是因为存在以下几个难点：(1) 光纤与土体的协调变形问题，光纤表面多为光滑保护层材料，与土体间摩擦力较小，必然产生相对滑移，影响监测结果的真实性；(2) 光纤在土体变形监测中的安装问题，土体为松散颗粒组成，如何保证传感器与土层的固定安装是一大技术难题；(3) 光纤传感器监测精度高，量程有限，土体变形一般较大，甚至超过光纤传感器的量程。本书共分 9 章，分别为概述、光纤光栅基本原理、光纤光栅写入方法、光纤光栅传感器、光纤光栅大量程位移传感器的研发、公路软基智能信息化监测系统的开发、公路软基施工常规仪器监测与工程应用、公路软基智能光纤监测系统工程应用、基于光纤光栅传感技术的测斜仪研发与工程应用，重点介绍了近年来作者在高速公路软基沉降监测、高边坡变形安全监测中相关光纤光栅传感器的研发和工程应用情况，以期推动光纤光栅传感技术在我国岩土工程监测中的应用。

第 2 章　光纤光栅基本原理

2.1　光纤光栅传感原理

2.1.1　光纤基本结构与传输原理

光纤是光导纤维的简称。它是工作在光波波段的一种介质波导，通常是圆柱形。它把以光的形式出现的电磁波能量利用全反射的原理约束在其界面内，并引导光波沿着光纤轴线的方向前进，光纤的传输特性由其结构和材料决定[43,44]。

如图 2-1 所示，光纤的基本结构是两层圆柱状媒质，内层为纤芯，外层为包层；纤芯的折射率 n_1，比包层的折射率 n_2 稍大。当满足一定的入射条件时，光波就能沿着纤芯向前传播。实际的光纤在包层外面还有一层保护层，其用途是保护光纤免受环境污染和机械损伤。图 2-2 为光纤光栅结构示意图，光波沿着光纤传播过程中，具有特定波长的光被光纤光栅所反射回去。

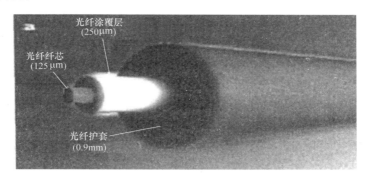

图 2-1　光纤基本结构示意图

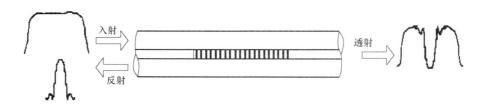

图 2-2　光纤光栅结构

光波在光纤中传输时，由于纤芯边界的限制，其电磁场解是不连续的。这种不连续的场解称为模式。光纤分类的方法有多种。按传输的模式数量可分为单模光纤和多模光纤；按纤芯折射率分布分为阶跃型和梯度型光纤；按偏振态分为保偏光纤和非保偏光纤；按制造材料分为高纯度熔石英光纤、多组分玻璃纤维、塑料光纤、红外光纤、液芯光纤和晶体光纤等。

光纤工作的基本原理基于光的全反射现象，即由于纤芯折射率 n_1 大于包层折射率 n_2，当满足数值孔径（$N_A = n_0 \sin\varphi_0 = (n_1^2 - n_2^2)^{1/2}$，$n_0$ 为空气折射率）要求的光线传播到光纤界面时，根据菲涅尔折射定律可知，$\varphi > \varphi_0$ 时，入射光将不发生折射，全部沿着纤芯反射向前传播。因此，光纤能将以光形式出现的电磁波能量利用全反射的原理约束在其纤芯内，并引导光波沿着光纤轴线的方向前进。

2.1.2　光纤光栅传感基本原理

光纤光栅就是一段光纤，其纤芯中具有折射率周期性变化的结构。根据模耦合理论，$\lambda_B = 2n\Lambda$ 的波长就被光纤光栅所反射回去[44-56]（其中 λ_B 为光纤光栅的中心波长，Λ 为光栅周期，n 为纤芯的有效折射率）。

反射的中心波长信号 λ_B 与光栅周期 Λ，纤芯的有效折射率 n 有关，所以当外界的被测量引起光纤光栅温度、应力以及磁场改变都会导致反射的中心波长的变化。也就是说光纤光栅反射光中心波长的变化反映了外界被测信号的变化情况。

光纤光栅传感器的原理结构如图 2-3 所示，包括：宽谱光源（如 SLED 或 ASE）将有一定带宽的光通过环行器入射到光纤光栅中，由于光纤光栅的波长选择性作用，符合条件的光被反射回来，再通过环行器送入解调装置测出光纤光栅的反射波长变化。当光纤光栅作探头测量外界的温度、压力或应力时，光栅自身的栅距发生变化，从而引起反射波长的变化，解调装置即通过检测波长的变化推导出外界温度、压力或应力。

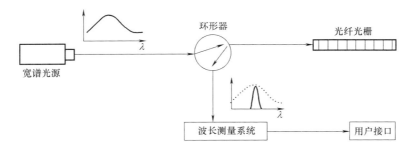

图 2-3　光纤光栅传感器的原理

1. 应变
光纤光栅的中心波长漂移 $\Delta\lambda$ 和纵向应变 $\Delta\varepsilon$ 的关系为：

$$\frac{\Delta\lambda_B}{\lambda_B} = (1 - P_e)\Delta\varepsilon \tag{2-1}$$

式中，$P_e = -\frac{1}{n}\frac{\mathrm{d}n}{\mathrm{d}\varepsilon}$ 为光纤材料的弹光系数。

对于在硅光纤中写入的光纤光栅的测量灵敏度，1989 年 Moery 等人实验测得波长为 800nm 的光纤光栅应变系数为 $0.64\mathrm{pm}/\mu\varepsilon$，在 1550nm 窗口，应变系数为 $1.209\mathrm{pm}/\mu\varepsilon$。

2. 温度
设温度变化为 ΔT，与之相对应的光纤光栅中心波长的变化 $\Delta\lambda$ 为：

$$\frac{\Delta\lambda_B}{\lambda_B} = (\alpha_f + \xi)\Delta T \tag{2-2}$$

其中，$\alpha_f = \frac{1}{\Lambda}\frac{d\Lambda}{dT}$ 为光纤的热膨胀系数，$\xi = \frac{1}{n}\frac{dn}{dT}$ 为光纤材料的热光系数，表 2-1 给出了不同波长光纤光栅应变和温度灵敏度。

不同波长光纤光栅应变和波长温度灵敏度　　　　表 2-1

波长（μm）	应变灵敏度（pm/$\mu\epsilon$）	温度灵敏度（pm/℃）
0.83	0.64	6.8
1.3	1	10
1.55	1.2	10.3

3. 压力

设压力变化为 ΔP，则与之相对应的光纤光栅中心波长的变化由下式给出，

$$\frac{\Delta\lambda}{\lambda} = \frac{\Delta(n\Lambda)}{n\Lambda} = \left(\frac{1}{\Lambda}\times\frac{\partial\Lambda}{\partial P} + \frac{1}{n}\times\frac{\partial n}{\partial P}\right)\Delta P \tag{2-3}$$

由于光纤受压会使光纤直径发生微量变化，这种变化又会使得光传输延迟发生微量变化，但这种变化相比于光纤折射率和物理长度的变化常常是可以忽略的。1979 年，Hocker 等人给出了光纤长度变化的计算关系式。1992 年，Moery 等人给出了计算折射率的计算关系式。

$$\frac{\Delta L}{L} = -\frac{(1-2v)P}{E} \tag{2-4}$$

$$\frac{\Delta n}{n} = \frac{n^2 P}{2E}(1-2v)(2\rho_{12}+\rho_{11}) \tag{2-5}$$

式中，E 是光纤的弹性模量。考虑到 $\Delta L/L = \Delta\Lambda/\Lambda$，平均周期－压力关系和折射率－压力关系分别由式（2-6）和式（2-7）给出，即

$$\frac{1}{\Lambda}\times\frac{\partial\Lambda}{\partial P} = -\frac{(1-2v)}{E} \tag{2-6}$$

$$\frac{1}{n}\times\frac{\partial\Lambda}{\partial P} = \frac{n^2}{2E}(1-2v)(2\rho_{12}+\rho_{11}) \tag{2-7}$$

将式（2-6）和式（2-7）代入式（2-3），可以得到波长－压力灵敏度关系为

$$\Delta\lambda = \lambda\left[-\frac{(1-2v)}{E} + \frac{n^2}{2E}(1-2v)(2\rho_{12}+\rho_{11})\right]\Delta P \tag{2-8}$$

1993 年，Xu 等人在 70MPa 的压力范围内，对于波长为 1.55μm 的掺锗光纤光栅，测得其 $\Delta\lambda/\Delta P$ 约为 -3×10^{-3} nm/MPa。

2.2　光纤光栅的种类

光纤光栅沿轴向折射率的分布可写为：

$$n(z) = n_{core} + \Delta n_g(z)\left[1 + \cos\left(\frac{2\pi}{\Lambda}\right)z + \varphi(z)\right] \tag{2-9}$$

式中，Λ 为光栅周期的长度；n_{core} 为纤芯折射率；$\Delta n_g(z)$ 为包络函数，如果 $\Delta n_g(z)$

是常数，则是均匀周期性光纤光栅，否则是非均匀性光纤光栅；$\varphi(z)$ 光栅啁啾，对于均匀光纤光栅，$\varphi(z)=0$。

光纤光栅的折射率分布反映了光纤光栅的周期和折射率调制度等结构参数，这些参数决定了光纤光栅的 Bragg 波长、带宽和反射特性等，从而使不同的折射率调制及不同结构的光纤光栅具有了不同的功能，形成不同的光纤光栅器件。光纤光栅的形成基于光纤的光敏性、不同的曝光条件，不同类型的光纤产生多种不同折射率分布的光纤光栅。

2.2.1 均匀周期型光纤光栅

均匀周期型光纤光栅的沿轴向折射率分布可写为

$$n(z)=n_0+\delta_\mathrm{n}+\Delta n_\mathrm{max}\cdot v\cdot\cos\left(\frac{2\pi}{\Lambda}z\right) \tag{2-10}$$

式中，n_0 为纤芯折射率值；δ_n 为纤芯折射率的平均增加值；Δn_max 为纤芯的最大折射率变化量；v 为折射率的调制幅度，Λ 为均匀光栅周期长度。

均匀光纤光栅的折射率分布和反射谱如图 2-4 所示。图 2-4 中所示的光谱特性说明一定带宽 $\Delta\lambda$ 的谐振峰两边有一些旁瓣，这是由于光纤光栅的两端折射率突变引起 Fabry-Perot 效应所至。这些旁瓣分散了光能量，不利于光纤光栅的应用，所以均匀光纤光栅的旁瓣抑制是表征其性能的主要指标之一。

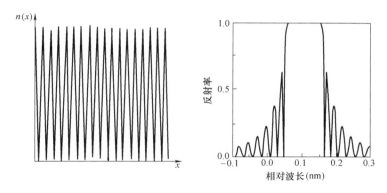

图 2-4 均匀光纤光栅的折射率分布和反射谱示意图

均匀光纤光栅可作为激光器外腔反射镜，制成光纤光栅外腔半导体激光器；也可以作为 Fabry-Perot 谐振腔制成性能优良的光纤（DFB 或 MOPA 结构）激光器、主动锁模或可调谐光纤激光器、DWDM 中的复用/解复用器、插分复用器及波长转换器、光栅路由器等；利用光纤光栅的温度、应力特性还可制成不同的光纤传感器。

2.2.2 线性啁啾光栅

所谓啁啾光栅是指光栅的折射率调制幅度不变，而周期沿光栅轴向变化的光栅，其 $\Lambda(z)$ 等于

$$\Lambda(z)=\Lambda(1+cz) \tag{2-11}$$

式（2-11）中，Λ 为光栅周期；c 为周期的线性变化斜率。其折射率分布可表为

$$n(z)=n_0+\Delta n(z)\left\{1+\cos\left[\frac{2\pi}{\Lambda}z+\varphi(z)\right]\right\} \tag{2-12}$$

图 2-5 示出一个线性啁啾光纤光栅的折射率分布和反射谱示意图。从它的反射谱可见，周期非均匀光栅的反射光谱明显增宽，且反射谱具有波动性。这种波动性的产生原因与均匀光栅一样，也不利于应用。适当地修正折射率分布 $n(z)$，即使光纤光栅两端折射率调制度逐渐递减，可以改善这种波动性。

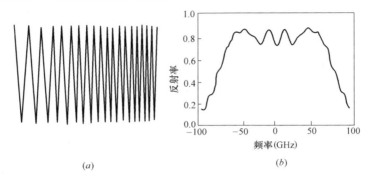

(a)　　　　　　　　　　　　　　(b)

图 2-5　线性啁啾光纤光栅的折射率分布和反射谱示意图

在这种光栅中，光栅节距的线性变化，使通路中的各个波长在光栅的不同深度处反射回来，补偿了通路内各波长渡越时间的变化，从而对谱宽展宽做出补偿。所以，利用啁啾型光栅的较宽反射带的特点可构成宽带滤波器，用于色散补偿和产生超短脉冲。

2.2.3　Taper 型光栅

Taper 型光栅是一种切址光栅，它的周期是均匀的，折射率随一定的函数关系变化，其折射率分布可表为

$$n(z) = n_0 + \Delta n(0) \cos^2\left(\frac{2\pi}{l}\right) \cos\left(\frac{2\pi}{\Lambda}\right) \quad \left(-\frac{l}{2} \leqslant z \leqslant \frac{l}{2}\right) \tag{2-13}$$

Taper 型光栅的折射率分布和反射谱如图 2-6 所示。从图可见，这种光栅的两端折射率分布函数逐渐减至零，消除了折射率突变，从而使它的反射谱不存在旁瓣，改善了光谱特性。Taper 型光栅可构成各种滤波器、波长变换器和光插/分复用器。多个 Taper 型光栅的复合还可制成特殊性能滤波器，如 Michelson 光纤滤波器和 Mach-Zehnder 滤波器等。

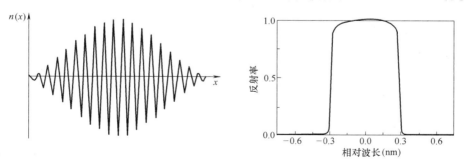

图 2-6　Taper 型光栅的折射率分布和反射谱示意图

2.2.4　Moire 光纤光栅

Moire 光纤光栅是一种相移光栅，有其特有的性质，深受关注。Moire 光栅的折射率

分布是一种具有慢包络的快变结构，这种结构不仅可以有效抑制 Bragg 光纤光栅反射谱中的旁瓣效应，而且可以在反射阻带中打开一个或多个透射窗口其折射率分布可表为

$$n(z) = n_0 + \Delta n(0)\cos^2\left(\frac{2\pi}{l}\right)\cos\left(\frac{2\pi}{\Lambda}\right) \quad \left(-\frac{l}{2} \leqslant z \leqslant \frac{l}{2}\right) \tag{2-14}$$

由于其折射率的变化受到一个正弦因子调制，从而导致其反射谱具有带通性。图 2-7 示出它的折射率分布和反射谱示意图。对一般 Moire 光栅，Λ 是一个常数，不随 z 变化。对啁啾 Moire 光栅，Λ 是 z 的作用函数。Moire 光栅可用作光纤通信新型的滤波器 \ 色散补偿器和信道选择器等。

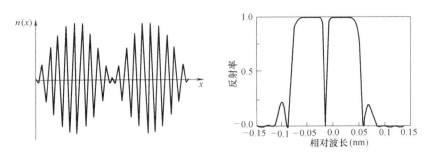

图 2-7　**Moire** 光栅的折射率分布和反射谱示意图

2.2.5　Blazed 型光纤光栅

Blazed 型光纤光栅的折射率分布可表为

$$n(z) = n_0 + \Delta n\left[1 + \cos\left(\frac{2\pi}{\Lambda_0}\right)z\cos\theta\right] \tag{2-15}$$

式中，Λ_0 为折射率变化所形成的栅面垂直距离，θ 为其栅面法线 z' 与光纤轴向 z 的夹角。Blazed 型光纤光栅的角度以及反射光谱如图 2-8 所示，图 2-8（c）示出 Blazed 型光栅的反射谱示意图，从反射谱图中可以看出它的反射谱类似于均匀光栅情况，也有旁瓣。

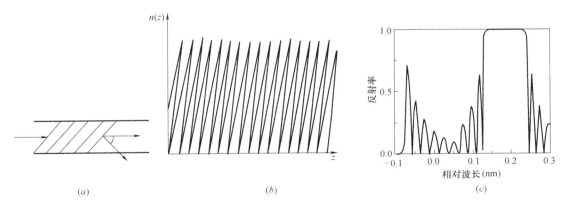

（a）　　　　　　　　　　　　　　　（b）　　　　　　　　　　　　　　　（c）

图 2-8　**Blazed** 型光纤光栅的角度以及反射光谱示意图

利用 Blazed 型光栅可对一定带宽范围内的光功率进行衰减，从而可实现光放大器的增益平坦化。通过使用复合的 Blazed 光栅还可实现对残余泵浦光反射等。

2.2.6　长周期光纤光栅

　　根据光纤光栅周期的长短，通常把周期小于 1 微米的光纤光栅称为短周期光纤光栅，而把周期为几十至几百微米的光纤光栅称为长周期光纤光栅。短周期光纤光栅的特点是传输方向相反的模式之间发生耦合，属于反射型带通滤波器，短周期光纤光栅反射谱如图 2-9 所示。长周期光纤光栅的特点是同向传输的纤芯基模和包层模之间的耦合，无后向反射，属于透射型带阻滤波器，长周期光纤光栅透射谱如图 2-10 所示。长周期光纤光栅在光纤通信有着广泛用途，如用于 EDFA 增益谱平坦化、光纤模式变换器、偏振模式变换器、滤波器，同时作为一种带阻滤波器应用到 OADM 或 OXC 等波长路由器件。

　　长周期光纤光栅的光谱特性与光栅的周期、纤芯和包层的有效折射率有关，利用长周期光纤光栅的导模与多个包层模之间产生能量交换，形成多个损耗峰，实现单个光栅的多参量传感；通过调整包层和纤芯材料的不同的掺杂，或者通过选择合适的光栅参数，使纤芯的导模与设定阶次的包层模产生耦合，可以制作对某些参数增敏或者去敏的长周期光纤光栅。由于长周期光纤光栅无须去包层，比光纤光栅制成器件寿命更长、承受力更强。因此，长周期光纤光栅在温度、应变、弯曲、振动、横向负载以及气体和液体浓度的等方面的光纤传感领域也得到了广泛的研究。

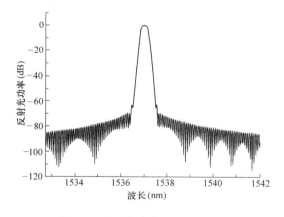

图 2-9　短周期光纤光栅反射谱

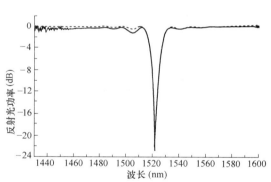

图 2-10　长周期光纤光栅透射谱

2.3　光纤光栅传感器阵列的指标

　　当设计传感器测量方法时，应该仔细考虑光纤光栅的特征。一些指标是通用的，几乎针对所有应用；另外一些指标可能是为满足一些特殊应用而定制的。下面所指出的是主要针对应变和温度测量的，测量其他的参数像压力、位移或湿度需要特殊的要求。

2.3.1　传感器波长

　　传感器波长指的就是光纤光栅反射谱中尖峰的中心波长。这些峰值波长随着应变和温度的改变而改变。当温度升高或应变增大时，光纤光栅传感器的峰值波长变长，如图2-11

所示。如果一个峰值波长 1535.050nm 的传感器从 25℃ 加热到 35℃，传感器的峰值波长将增加到 1535.150nm（每℃变化 10pm）。大多数光纤光栅解调系统工作在 50nm 窗口范围内，从 1520nm 到 1570nm。

2.3.2 传感器带宽

传感器带宽就是每个光纤光栅反射峰所对应的带宽。理论上光纤光栅的带宽越小测量精度越高，但从实际的制作工艺水平和可行的精度来看，最合理的值应该在 0.2nm 和 0.3nm 之间，通常取 0.25nm，光纤光栅反射光谱宽度如图 2-12 所示。此外一般的解调设备的峰值探测算法通常是在假设带宽为 0.25nm 和谱形为光滑的高斯型的基础上设计出来的，带宽过宽会降低波长测量的准确性。当然其他的带宽和峰型也是可行的，但对波长准确性可能会产生一定的影响。

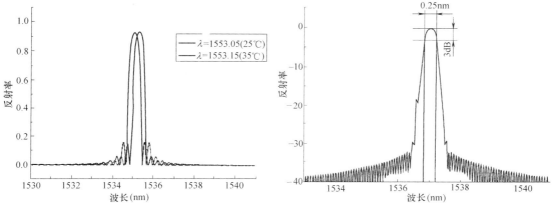

图 2-11　光纤光栅反射光谱图随温度变化趋势　　图 2-12　光纤光栅反射光谱宽度

2.3.3 反射率

光纤光栅的反射率越高，返回到测量系统的光功率就越大，相应的测量距离就越长，而且反射率越高，带宽较窄，光栅越稳定。如果反射率越小，噪声对其的影响就越大，对于波长查询仪的工作要求就越高，影响测量精度，光纤光栅反射率如图 2-13 所示。为了

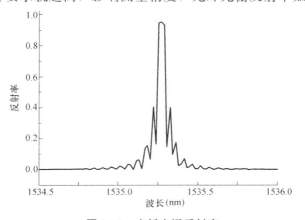

图 2-13　光纤光栅反射率

获得最好的性能，推荐光栅反射率应该大于 90％。但是，单纯地强调高反射率的同时，也要同时考虑边模抑制。也可以说，反射率决定信号强度，边模抑制决定了信噪比。

2.3.4　边模抑制

对一个两边有许多旁瓣的光纤光栅传感器，光纤光栅查询仪会错误地把某些旁瓣当作峰值。所以一个好的传感器谱图除了要具有一个光滑的峰顶外，光滑的两边也是非常重要的。控制边模，提高边模抑制比需要光纤光栅的制造商有较高的工艺水平。但它同时也是决定光纤光栅传感性能较重要的一个参数，直接决定了信噪比，未切趾补偿时光栅反射光谱如图 2-14 所示。

在光纤光栅反射率大于 90％的情况下，边模抑制比应高于 15dB，高于 20dB 是更理想的。选用高质量的全息相位掩模板，切趾可以平滑传感器的光谱，消除两边的旁瓣，确保边模不会干扰峰值的探测。通常的切趾在短波长方向仍然会存在许多旁瓣，切趾补偿技术（使光栅的平均折射率波长一致）是一个已经被证明了的可行的方法，可以消除短波长方向的旁瓣，实现整个光谱上平滑，切趾补偿时光栅反射光谱如图 2-15 所示。

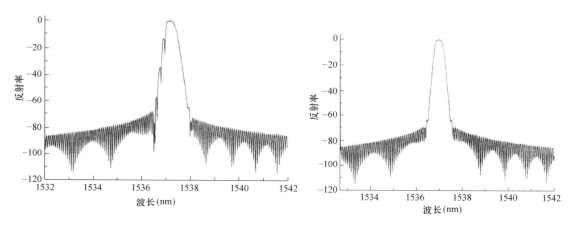

图 2-14　未切趾补偿时光栅反射光谱图　　　图 2-15　切趾补偿时光栅反射光谱图

目前，光栅写入技术的进步和光学精细度的提高已可以制造出边模抑制比超过 20dB 的光纤光栅，完全满足了光纤光栅传感器的要求。

2.3.5　传感器的长度

传感光栅的长度决定了测量点的精确程度，理论上光栅的长度越小，测量点越精确。而实际制作光栅时要综合光栅的各种参数，光栅越短，反射率越低，带宽越宽。很短的光栅，其反射率和带宽都很难达到要求，因此要在三者之间做一个中和。所以，对于 0.25nm 的带宽，推荐传感器光栅的物理长度应为 10mm，这个长度适合于大多数应用。当然通过改变带宽，不同的长度也是可以满足一定的要求。

2.3.6　传感器波长间隔

传感器波长间隔就是两个光纤光栅的中心波长的差。光纤光栅传感器阵列包含了大量传感光栅，因此必须保证能"寻址"每一个光栅，即根据独立变化的中心波长确认每一个光栅。为此，要求每个通道内各个光栅的中心波长 λ_1，λ_2，$\cdots\lambda_n$ 及其工作范围 $\Delta\lambda_1$，$\Delta\lambda_{12}$，$\cdots\Delta\lambda_n$ 互不重叠，光纤光栅传感器波长间隔如图 2-16 所示。所以其中有两个方面需要考虑：传感光栅之间的缓冲区（buffer）和每个传感光栅的探测范围 $\Delta\lambda$。而探测范围 $\Delta\lambda$ 是由测量范围决定的，测量范围越大，探测范围就越大。例如若测量范围为 $\pm3000\mu\varepsilon$，探测范围就为 6nm。每个传感器都需要具有足够的波长漂移的空间以捕捉所期望的应变和温度的变化范围。

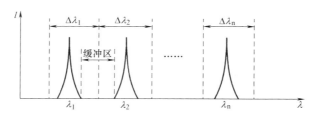

图 2-16 光纤光栅传感器波长间隔

2.3.7 缓冲区（buffer）

两相邻传感光栅之间必须留有一个缓冲区以保证第一个光栅的最大波长与第二个光栅的最小波长不相交。此外，光纤光栅制作过程中制造误差是必须被考虑的，一些厂商所标出的传感器中心波长可能存在超过 ±0.5nm 的误差，最新的光纤光栅自动化写入技术可以使该误差有一个数量级的优化，大约为 ±0.05nm。现在合理需要是 ±0.1nm，这个误差也必须被加到缓冲区中以确保设计出合适的间隔。

例如：大桥构架上的结构体需要 4 个传感器，大桥架构的光纤光栅传感器设置如表 2-2 所示。传感器 1、2 和 3 牢固地粘在大桥构架上测量应变（和温度）。传感器 4 只测量温度。这个构架上最大的期望应变是 $\pm1000\mu\varepsilon$，大的温度范围从 $-40\,^\circ\!C$ 到 $+80\,^\circ\!C$。

大桥架构的光纤光栅传感器设置   表 2-2

参数	测量范围	变换因子	波长范围
应变	$2000\mu\varepsilon$	$1.2\text{pm}/\mu\varepsilon$	1.2nm
温度	0.5nm	$10\text{pm}/^\circ\!C$	2.4nm
传感器间缓冲区	0.5nm		
传感器制作误差（+/-0.1nm）	0.2nm		
最小波长间隔	4.3nm		

通常，推荐对所有阵列传感器波长的间隔为 5nm，这可以满足大多数应用范围，每个阵列可以提供 8~10 个传感器。当更多的传感器被需要时，一个方法就是减小波长间隔（但要注意测量范围）。例如，如果一个阵列中的所有传感器对应变的敏感相似，相邻传感器间的相对波长变化就非常的小，则波长间隔可以被大大地减小。

所以，要综合传感器数、传感器波长间隔、缓冲区和测量范围几个方面，以达到所需的要求。

2.3.8　退火

制作光纤光栅时，激光照射使得光纤玻璃进入到一种亚稳状态，然后才形成了光栅，因此光栅在较高的温度中会随时间退化。这种退化发生的程度取决于光纤和光栅的类型，在非氢载光纤中写入的所有类型光栅都可以在室温下保存几年。人们提出一种加固光纤光栅的方法——退火处理，即在超过光栅器件使用的温度下进行加速老化的过程。实验发现，经过退火处理后的光纤光栅虽然中心波长有微小的变化，但是其温度和应力的特性仍然保持良好的线性关系，并没有影响光纤光栅的传感特性。同时退火处理可以消除光栅的结构缺陷，是制作性能稳定的光纤光栅的重要步骤，可以保证光纤光栅正常工作 15 年以上。

2.4　光纤光栅解调技术

信号检测是传感系统中的关键技术之一，传感解调系统的实质是一个信息（能量）的监测系统，它能准确、迅速地测量出信号幅度的大小并无失真地再现被测信号变化过程，待测信息（动态的或静态的）不仅要精确地测量其幅值，而且需记录其整个变化过程。

在传感过程中，光源发出的光波由传输通道直接（或经连接器）进入传感光纤光光栅，传感光纤光栅在外场（如应变、压力、温度场等）的作用（静态、准静态或时变）下，对调制；接着，带有外场信息的调制光波被传感光纤光栅反射（或透射），并进入接收通道而被探测器接受解调并输出。由于探测器接受的光谱包含了外场作用的信息，检测出的光谱分析及相关变化，即可获得外场信息的细致描述。相比而言，传感解调系统比较容易实现。

用光栅构成的传感系统中，传感量主要是以波长的微小移动为载体，所以传感系统中应有精密的波长或波长变化检测装置。对光纤 Bragg 光栅的理论分析和实验研究表明，FBG 的温度和应变灵敏度很小，对中心波长移位 $\Delta\lambda$ 的检测精度直接决定了整个系统的检测精度。因此解调技术，即精确测量波长漂移的技术是光纤 Bragg 光栅传感的关键技术之一[39-51]。

理想的探测方法一般应包括下面的一些要求：

（1）测量范围大，并且分辨率高。在很多实际应用中，常常要求波长漂移量的探测范围达到纳米级，波长漂移测量分辨率为亚皮米到几个皮米，这样动态测量范围常要求为 $103:1\sim105:1$。

（2）成本低。光纤光栅传感探测系统的成本与传统的电传感器相比要具有竞争力。

（3）复用性要好。光纤光栅传感探测系统需能够实现网络复用，这样可以进一步降低整个传感系统的成本。

对光纤光栅反射波长解调的传统手段是使用光谱仪、单色仪等仪器。但是这类仪器不仅价格昂贵而且体积大，构成的系统缺乏必要的紧凑性和牢固度，在实际应用中是极不现实的。为了开发结构简单而且实用的高分辨率光纤光栅传感器信号解调系统，近年来国内外开展了许多研究工作，并取得了较大的进展。

关于光纤光栅波长解调探测方法已有很多报道，根据波长漂移量探测器件的工作原理，这些探测方法大致可以分为如下几类：边缘滤波器法、可调滤波器法、干涉扫描法。下面几个小节将详细地介绍这几种方法。

2.4.1 边缘滤波器法

边缘滤波器法中输入波长漂移量和输出光强度变化量呈线性关系，这种方法是通过探测滤波器的输出光强度来计算输入波长漂移量的变化，边缘滤波器的线性解调原理如图 2-17 所示。测量范围和探测分辨率呈反比例关系。

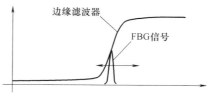

图 2-17　边缘滤波法原理

在图 2-17 中，虚线为边缘滤波器的传递函数曲线。在光纤光栅系统中，可以用归一化的光谱透射率曲线 $H(\lambda)$ 表示，实线为窄线宽光纤光栅的反射光功率谱密度 $R(\lambda)$。因此，光纤光栅反射光谱透过该滤波器后的光功率信号 $I(\lambda)$ 为

$$I(\lambda) = \sum_{-\infty}^{\infty} R(\lambda - \lambda')H(\lambda')\mathrm{d}\lambda' \tag{2-16}$$

若在一定的波长范围内 $H(\lambda)$ 近似为线性函数，且 $R(\lambda)$ 的光谱线宽远小于该波长范围，则 $I(\lambda)$ 也可以近似为线性函数，即

$$I(\lambda) = H(\lambda') \sum_{-\infty}^{\infty} R(\lambda - \lambda')\mathrm{d}\lambda' \tag{2-17}$$

式中 $I_1(\lambda) = \sum_{-\infty}^{\infty} R(\lambda - \lambda')\mathrm{d}\lambda'$，为光纤光栅的反射总功率。因此通过测量 $I(\lambda)/I_1(\lambda)$，即可获得波长信息，这就完成了对波长的检测。

用边缘滤波特性实现光纤光栅传感器波长解调的基本原理如图 2-18 所示。其中，BBS 为宽带光源。宽带光源发出的光经 3dB 耦合器进入传感光栅。由传感光纤光栅反射后形成窄带光谱，再经耦合器均分成两路光束。其中一束经线性滤波器到达光电检测器。另一束直接检测，以补偿由于光源强度波动对实验造成的影响。由于光纤的端面反射，使得光源的光谱对后端光电检测器件造成很大的影响。因此，需要将不用的光纤端面浸入折射率匹配液（IMG）中，用于减少端面反射。

对于该系统，可以认为 $H(\lambda) = I_2(\lambda)/I_1(\lambda)$，式中 I_2、I_1 分别是载场光强（光功率）和参考光强（光功率）。因此，通过测量 I_2/I_1，可直接得到 λ 的动态值 $\Delta\lambda$。

1. 利用波分耦合器实现边缘滤波器

M. A. Davis 等人利用波分耦合器的特殊传输特性来测量光纤光栅的波长变化。波分耦合器在 1520～1560nm 的波长范围内，耦合器的效率与波长基本呈线性关系，因而可以利用该特性来测量波长的变化，测量系统原理如图 2-19 所示。宽带光源发出的光被传感回来后进入耦合器，耦合器的出射光分为两束（这两束光的功率与入射光的功率标系下形如 X），两束出射光通过光电探测器变成电信号，经过处理后消除光功，最后得到波长的变化量。这种方法的电子处理电路极为简单，但由于受器件传输特性影响测量分辨率较低。该方法对于一些对测量分辨率要求不是很高的场合提供了一种结构简单、性能价格比很高的测量方案。

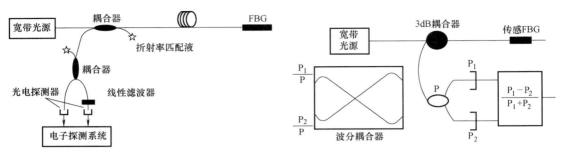

图 2-18　边缘滤波特性实现光纤光栅　　　图 2-19　利用波分耦合器测量
传感器波长调解的基本原理　　　　　　　光纤光栅波长示意图

2. 利用长周期光纤光栅实现边缘滤波器

刘利等人用长周期光纤光栅作为边缘滤波器，通过测量透射光强，推知传感光纤光栅波长的变化。实验采用的长周期光纤光栅的透射谱如图 2-20 所示。它是用自制的幅度掩模模板和在 248nm 的准分子激光器写入而成的，其中心波长为 1558nm。

由图 2-20 可知，长周期光纤光栅透射谱在其透射峰两侧各有一段近似线性范围，在这段区域内，长周期光纤光栅透射率 H 与波长位置 λ 呈近似的线性关系。可用公式表示为

$$H = k \cdot \lambda + C \tag{2-18}$$

式（2-18）中，k 为仅与长周期光纤光栅特性有关的常量。因此，基于这一特性，利用长周期光纤光栅作为边缘滤波器件，通过测量透射光强，推知传感光纤光栅波长的变化。

长周期光纤光栅边缘解调光纤光栅实验结果如图 2-21 所示。测量得出的长周期光纤光栅的透射率与传感布拉格光栅的波长呈良好的线性关系，拟合度达 0.9914。这种边缘滤波的方案测量波长分辨极限可达 0.002nm，性能优于光谱仪。选择反射率更高的布拉格光栅和更好的探测器还可以达到更高的精度。

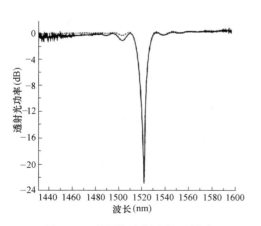

图 2-20　长周期光纤光栅透射谱

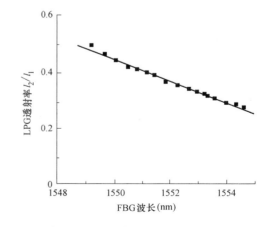

图 2-21　长周期光纤光栅边缘解调光纤光栅实验结果

在实验过程中，由于长周期光纤光栅对温度及弯曲比较敏感，因此，必须采取去敏措施，如采用新工艺制备长周期光纤光栅，或采用控温措施等，使其达到较高的稳定度。但

也可以利用长周期光纤光栅对弯曲敏感的特性，在实验过程中调整长周期光纤光栅的弯曲程度，使布拉格光栅的工作波长落在长周期光纤光栅的线性区域内。当然，在调整的过程中，会引起长周期光纤光栅透射率的下降，可以根据需要加以控制。

3. Sagnac 环镜边缘滤波解调方法

多年来，人们对光纤环镜滤波器（即 Sagnac 环镜干涉仪）进行了深入地研究，与此同时，对于光纤环镜滤波器中考虑光纤的双折射效应和将双折射光纤加入环镜滤波器之中的情况也做了相应的研究。将一段高双射光纤加入环镜滤波器中，并利用其作为边缘滤波器件，应用于光纤光栅传感系统中，取得了良好的实验结果。是一种基于光强检测的全光纤解调技术，可对传感光栅（FBG）的反射谱进行波长解码。因此，本方案可作为光纤光栅传感网络等的波长解调方案，具有很高的实用性。

高双折射光纤 Sagnac 环镜滤波器 HSF（high birefringence fiber Sagnac loop mirror Filter）由一个 3dB 耦合器、一段高双折射光纤 HBF（high birefringence fiber）一级用于连接的普通单模光纤 SMF（single mode fiber）构成，其结构如图 2-22 所示。信号光进入 3dB 耦合器后被分为两束，他们分别沿顺时针和逆时针在环路中传播。因为高双折射光纤存在角度为 H 的轴向扭转，因此当光在高双折射光纤中传播时，其偏振态发生旋转，其等效于高双折射光纤的快轴或慢轴转过的角度，相当于信号光进行了旋转变换。信号光在高双折射光纤中传播时，可以分解为沿快、慢轴上的两个分量，这两个分量的上光波的传播速度是不一样的。同时由于光在高双折射光纤中传播时，在两个偏振方向上会产生相位差。最后，顺时针传播的光与逆时针传播的光在 3dB 耦合器处相干，产生类似于非平衡 M－Z 干涉仪的滤波效果。

用 HSF 作为边缘滤波器的光纤光栅传感系统的基本原理如图 2-23 所示。其中，BBS 为宽带光源。宽带光源发出的光经 3dB 耦合器进入传感光纤光栅。由传感光纤光栅（FBG）反射后形成窄带光谱，再经耦合器均分成两路光束。其中一路 I_1 作为参考光，直接进行检测，以补偿由于光源强度波动对实验造成的影响。另一路光经 HSF 滤波后，再经耦合器再分为两路，一路用光谱仪进行监测，另一路用光电转换器转换为电信号后进行监测。由于光纤的端面反射，使得光源的光谱对后端光电检测器件造成很大的影响。因此，需要将不用的光纤端面浸入 IMG（折射率匹配液）中，用于减少端面反射。

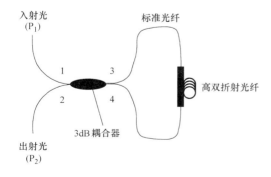

图 2-22 高双折射光纤 Sagnac 环境滤波器结构

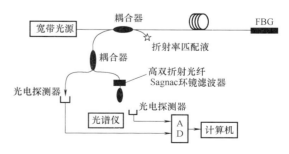

图 2-23 Sagnac 边缘滤波器解调光纤
光栅试验系统结构图

对于该系统，可以认为

$$H(\lambda)=\frac{2I_2(\lambda)}{I_1(\lambda)} \tag{2-19}$$

因此，通过测量 $2I_2/I_1$，即可根据环境滤波器的透射率曲线，得到相应 λ 的值。

该高双折射光纤 Sagnac 环镜的透射率与传感 FBG 的波长成良好的线性度，其线性拟合度达 0.9956。由于本方案采用全光纤设计，因此，其解调速度取决于光电探测器的带宽以及后续信号处理器如牵制放大器的频响带宽、AD 转换器的转换速度等。如使用的 PIN 光电二极管的带宽为 1GHz，AD 转换芯片的转换速率为 $10\mu s$，则该方案可以达到数十 kHz 频响的解调速度，远高于目前机械调控原理组成系统的解调速度。也相应地克服了由于机械部件等带来的稳定性及重复性差的缺点。

高双折射光纤 Sagnac 环镜干涉的干涉原理是利用高双折射光纤的双折射效应，使同一段光纤中沿不同方向传播的光产生相位差，进而产生干涉效应。由于正反方向光在环镜中的光程是一样的，因此这种干涉仪的输出仅与高双折射光纤的特性（有效双折射率）有关，而与用于传导的单模光纤的长度无关。因而与一般非平衡 M-Z 干涉解调方法相比，这种高双折射光纤 Sagnac 环镜干涉解调方法具有更高的稳定性。

2.4.2　可调谐滤波器法

可调谐滤波器法可以用于测试光纤光栅的波长漂移，其主要原理是可调谐滤波器的输

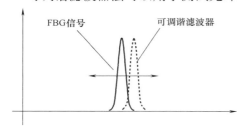

图 2-24　可调谐滤波法原理

出是光纤光栅输出谱和可调谐滤波器的卷积，如图 2-24 所示，当光纤光栅输出谱和可调谐滤波器光谱完全匹配时，可调谐滤波器的输出为 1，也就是输出达到了最大值。通过测量这个最大点和可调谐滤波器相应的波长变化，就可以求出光纤光栅的波长移动量。测量的分辨率主要取决于光纤光栅反射信号的信噪比以及可调谐滤波器和光纤光栅的宽带。这种方法具有较高的波长分辨率和较大的工作范围。

1. 基于匹配光纤光栅的可调谐滤波器

匹配光纤光栅的可调谐滤波器是利用其他的光纤光栅或带通滤波光器件，在驱动元件作用下跟踪光纤光栅的波长变化，然后通过测量驱动元件的驱动信号来获得被测应力或温度。可使用与测量光纤光栅相匹配的光纤光栅进行信号解调。这类方法有两种工作方式，即反射式和透射式。

反射型系统的原理是通过 PZT 驱动匹配光纤光栅进行扫描，调节其反射中心波长。当接收光强增大，达到与传感光栅中心波长完全匹配时，根据探测器的输出，记录此时驱动信号的大小就可以得到被测量的大小，如图 2-25 所示。该方法的精度受光源稳定性和外界干扰

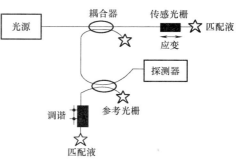

图 2-25　反射式单点匹配光纤光栅滤波解调

的影响较大，同时对探测器也提出了较高的要求。

针对这一问题，Davis 等人提出了透射型的测量方案，即将光电探测器置于接收透射光的位置，通过监测透射光强（当光强达到最小值时）得到传感光栅中心反射波长。该方法避免了测量微弱光强信号的局限性。

反射式与透射式方案优缺点对比：反射式的精度受光源稳定性和外界干扰的限制，对探测器的精度要求较高，而这些问题在透射式中是不存在的。另外由于反射式比透射式多了一个耦合器，光能损耗较大，因此实际应用中常采用透射式系统。

2. 可调谐 Febry-Perot 滤波器

在光纤通信中，可调谐 Febry-Perot 滤波器在光放大器中由于具有特别的噪声滤除特性而变得越来越重要。Febry-Perot 可调谐滤波器的一个显著的特点是其工作范围较大，一般可达数十纳米。

1993 年，由 Kersey 等人提出可调光纤 Febry-Perot 滤波器解调法。对单个光栅采用闭环模式，对复用系统的光栅使用扫描模式，如图 2-26 所示。

宽带光源发出的光经隔离器进入传感光栅阵列，反射光信号经耦合器到达可调谐 Febry-Perot 滤波器，Febry-Perot 滤波器工作在扫描状态，锯齿波扫描电压加在压电元件上调整腔间隔，使其窄通带在一定范围内扫描。当它与传感光栅的布拉格波长相匹配时，则让传感光栅反射的信号通过。因此，可由 Febry-Perot 滤波器驱

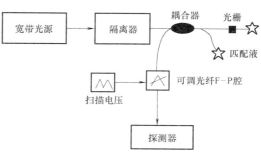

图 2-26　可调光纤 Febry-Perot
滤波器解调法示意图

动电压—透射波长关系测得 FBG 反射峰位置。由于透射谱是反射谱与 Febry-Perot 滤波器透射谱的卷积，能使带宽增加，分辨率减小。为此，在扫描电压上加一个小的抖动电压，可大大提高系统的分辨率。输出经混频器和低通滤波器后测量抖动频率，在信号为零时，所测值为光栅的反射峰值波长。由于 FFP 调谐范围很宽，可实现多传感器的解，因此，该系统可用于静态或准静态信号的测量，但高精度 FFP 成本太高，滤波损耗较大。

图 2-27 示出了用一个可调 F-P 滤波器同时检测多个光纤光栅的方案，F-P 腔由压电陶瓷驱动，且施加周期性的电压用以改变腔长，以实现对确定区域的波长进行周期性的滤波扫描。若选用的 F-P 滤波器具备 FBG 相当的带宽，施加的电压信号为均匀扫描着的周期性的锯齿波，受其调制，滤波器在自由程内进行波长扫描时的波长范围能够覆盖传感光栅及其经诱导后漂移了的全部光纤光栅的反射峰值波长，且来自传感光栅的信号滤波后经线性光电转换器

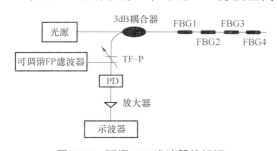

图 2-27　可调 F-P 滤波器的解调

转换成电信号，放大后输入示波器。此时光电转换器，F-P 滤波器和锯齿波信号发生器以及示波器组成的检测系统将执行光纤光谱仪的功能，它不仅可以对测量范围内各 FBG 传

感元的波长信息进行依次查询，而且将所测波长信息与漂移前波长信息进行比较，得到各传感元的波长漂移量，利用漂移量与所测量间的变化关系，便可判断对应传感元件所感测物理量变化的大小，达到解调目的。

3. 声光可调谐滤波（AOTF）扫描法

这种方法是以电调谐实现波长扫描的方法，它采用一个可调声光调制器作为光学带通

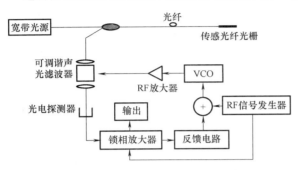

图 2-28　基于可调谐声光滤波器的方案原理

滤波器，如图 2-28 所示。系统在扫描模式下，通过 PZT 驱动 AOTF 扫描整个光谱范围，此时在光电探测器上得到的结果是光纤光栅反射光谱与 AOTF 的透射光谱在波长域的相关。由于现有 AOTF 的透射谱相对较宽（1nm 左右），所以系统分辨率不高，而且调节时间长。但 AOTF 电调谐方便、线形度好、调谐范围宽。

1981 年，Chang 指出，可调谐声光滤波器具有更大的可调谐波长范围（可以高达几百个微米），因此，如果单光源或者组合光源的带宽能够满足一定的要求，那么可调谐声光滤波器在 FBG 传感器的大数量复用方面将具有巨大的潜力。1993 年，Xu 等人建立了一个这样的探测系统，RF 信号由一个 RF 发生器产生，可调谐声光滤波器的输出波长是 RF 信号频率的函数，可以由 RF 频率的变化来改变。在实际中，通过对应用的 RF 频率抖动和探测接收到的信号的幅度调制状况来给出一个反馈信号，可以使得滤波器的平均波长值锁定传感 FBG 的瞬时波长值。当滤波器的平均波长和传感 FBG 的瞬时波长一致时，幅度调制为 0，由具有低频方波信号输入的 VCO（压控振荡器）叠加一个直流分量信号来调制平均频率，这也就是调制信号产生的方法。这种系统已用于温度测量并得到了 -0.95kHz/℃ 的温度分辨率，因为使用的滤波器的带宽比较宽（一般有几个纳米），所以测量分辨率不太高。1993 年，Dunphy 等人利用带宽为 0.2nm 和工作波长范围约 120nm 的声光滤波器，得到了小于 1pm 的高分辨率，显然，这个器件很适合于 FBG 传感系统，但是关于它的长期稳定性人们在进行多方面的研究。

2.4.3　干涉法

以上各种方法各有特点，主要通过检测强度变化来实现对外界物理量的感知，因此检测灵敏度都处于一般水平。而采用干涉法来检测波长的移位则具有极高的检测灵敏度，这种方法特别适合于高分辨率动态应变传感信号的检测。

1. 非平衡 M-Z 光纤干涉仪解调

1992 年，A. D. Kersey 等人提出了非平衡 M-Z 光纤干涉仪解调方法，其原理如图 2-29 所示。

宽带光源（BBS）发出的光经过耦合器入射到传感光纤光栅，其反射光经另一耦合器进入不等臂长的 Mach-Zehnder 干涉仪（两臂光程差为 nd）。干涉仪把传感光栅的中心反射波长偏移量转化为相位变化量来检测。当光纤光栅的反射波长变化 $\Delta\lambda$ 时，MZI 输出的

相位变化为：
$$\Delta\phi(\lambda)=-2\pi nd\Delta\lambda/\lambda^2 \qquad (2\text{-}20)$$

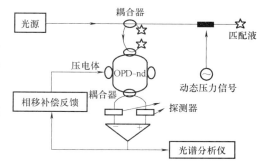

图 2-29 非平衡 M-Z 光纤干涉仪解调光纤光栅原理图

其中：n 是光纤的有效折射率，d 是干涉仪两臂的长度差，λ 是光纤光栅反射光的中心波长。由探测器探测到 $\Delta\phi$ 便可得到 FBG 波长的变化量，从而确定被测信号大小。该方法适用于动态参量的高分辨率测量，具有低于纳米级的应变分辨率。利用此方法可以构成时分复用分布式传感系统。该装置虽然能够提供宽带宽、高解析度的解调能力，但随机相移使该方法局限于测量动态应变，不适合于绝对应变的测量，且干涉仪相价变化 2π 决定其测量范围非常有限，还会出现绝对波长测量的损耗。

为此，有人提出了一种可用于准静态检测的改型方案，即对非平衡 M-Z 干涉仪再加一个参考光栅，相当于对接收到的信号外加一个频率为 ω 的调制频率。传感光栅和参考光栅的反射信号经过带通滤波器后再由相位计处理，可以消除随机相位差，即噪声的干扰，使之适用于准静态测量。

2. 非平衡 Michelson 干涉仪解调

非平衡扫描迈克耳逊干涉仪解调如图 2-30 所示，来自传感光栅的光波进入非平衡扫描迈克尔逊干涉仪，其短臂缠绕在受锯齿波信号驱动的压电陶瓷上，输出信号经探测器接收后转变为电信号，适当处理后与压电陶瓷的驱动信号分别作为待测信号和参考信号一起输入相位计。调整驱动信号的幅值以及直流电平的大小，使干涉信号变化的频率与参考信号的频率一致，此时相位计所显示的值与施加在传感光栅上的待测应变的大小有关。该传感系统的分辨率为 $5.5n\mu$，灵敏度为 $1.80/\mu\varepsilon$。若对光源信号进行脉冲调制，用时分复用技术对接收信号进行处理，那么该系统具备查询和解调光纤光栅网络信号的能力。

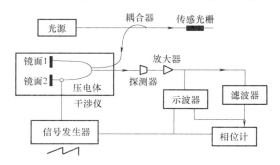

图 2-30 非平衡扫描迈克耳逊干涉仪解调示意图

第3章　光纤光栅写入方法

光纤光栅由于在光通信、光纤传感及集成光学等领域具有巨大的应用前景而受到广泛关注，目前国内外对光纤光栅制作技术的研究也很活跃。光纤光栅制作技术的研究目标是要做到写入效率高、对光源的相干性要求低、便于工业化生产。

到目前为止，光纤光栅的写入方法大致分为内部写入法、干涉法、逐点写入法以及相位掩模板法。其中，相位掩模板法由于其具有工艺简单、重复性好、成品率高、便于大规模生产、光栅周期与曝光用的光源波长无关等优点，得到了广泛的应用[57,58]。

3.1　光纤材料的紫外线增敏技术

采用适当的光源和光纤增敏技术，可以在几乎所有种类的光纤上不同程度的写入光栅。所谓光纤中的光折变是指激光通过光敏光纤时，光纤的折射率将随光强的空间分布发生相应的变化，这种折射率变化呈周期性分布，并被保存下来，就成为光纤光栅。

光纤的光敏性是在光纤中形成 Bragg 光栅的关键，光纤中折射率依赖于许多参数，如光纤类型、掺杂浓度、光纤温度及光纤以前的历史，以及照射波长、曝光功率及曝光时间等等。如果不经过其他处理，光纤直接对紫外光曝光，折射率仅能增加到 10^{-4} 数量级便已饱和，这样小的调制在某些场合是不适用的。

光纤的光敏性与 GeO 空位缺陷有密切关系，锗缺陷的增加有助于光敏特性的提高，可选用一下几种处理方法[54-64]

（1）多种掺杂

在锗硅光纤材料中，掺入 B、Sn 或 Al 等元素可提高光纤材料的光敏性，其中以 B/Ge 双掺杂光纤材料的光敏性最强，其光敏性要比含锗量相当的单掺杂锗光纤材料高出约一个数量级。这些光纤都可采用 MCVD 技术产生。表 3-1 给出来四种不同类型光纤的相对光敏性比较结果。

四种不同类型光纤的相对光敏性比较　　　　　　　　　　　　　　　　表 3-1

光纤种类	光纤 Δ_n	饱和折射率调制	2mm 光栅的最大反射率	反射达饱和时所需时间
标准光纤 （掺 Ge 约 4mol%）	0.005	3.4×10^{-5}	1.2%	约 1h
高折射率光纤 （掺 Ge 约 20mol%）	0.03	2.5×10^{-4}	45%	约 2h
折射率减小后的光纤 （掺 Ge 约 10mol%）	0.01	5×10^{-4}	78%	约 1h
掺硼光纤 （掺 Ge 约 15mol%）	0.003	7×10^{-4}	95%	约 10min

利用 B/Ge 双掺提高光纤材料光敏性最主要的有利因素是 B 的掺入能使光纤材料芯区

折射率的降低。因此，B/Ge 双掺杂光纤材料可以具有较高的锗掺杂浓度，同时又不引起光纤芯折射率的增大，从而实现与普通单模光纤的良好匹配。

（2）刷火

由于光纤材料的光敏性与光纤材料中的缺氧锗缺陷浓度直接有关，且两者近似成正比关系，因此可以通过使用氢灯对所要曝光的光纤段进行刷火处理。1993 年，Bilodeau 等人用温度高达 1700℃ 的氢氧焰来回灼烧要写入光栅的区域，持续 20min，使光纤在240nm 处的吸收增加。该作用只发生在含 GeO 的纤芯，对包层没有影响。紫外灼烧后的光纤可得到大于 10^{-3} 的折射率变化，使光纤材料的光敏性提高了一个数量级。用这种方法增强光敏性不会产生折射率的漂移。由于对曝光区段的光线进行处理，因此这种方法对两个主要的通信窗口几乎没有影响，可在标准通信光纤中写出强光纤光栅。

该方法的主要缺点是高温灼烧破坏了光纤，有长期稳定性问题。

（3）氢载

将光纤制作光栅的部分去掉保护层，然后置于（20～750）$\times 10^5$ Pa 的氢气高压容器中，氢气浓度 23000～85000ppm（1ppm 定义为每个 SiO2 分子有 10^{-6} mol H₂），在常温（21～75℃）下渗氢数百小时或数天。氢载处理后的光纤光敏性可提高几十倍到几百倍，折射率改变可达 10^{-2} 数量级。它的处理也同样是增加了锗缺陷从而提高了光纤的光敏特性。

低温高压载氢技术是通过外在方式提高光纤光敏性的一种有效方法，制作成本低廉，制备简单，能大幅提高光纤的光敏性。经过载氢处理后，普通光纤纤芯的折射率调制量可从 10^{-5} 提高到 10^{-2}，这样就使在任意光纤（包括标准光纤、低损耗传输光纤或其他希望使用的光纤）中制作高反射率的光纤光栅成为可能。载氢的基本原理是将普通光线至于高压氢气中一段时间后，氢分子逐渐扩散到光纤的包层和纤芯中，当特定波长的紫外光（一般是 248nm）照射载氢光纤时，纤芯被照部分中的氢分子即与锗发生反应形成 Ge-OH 和 Ge-H 键，是该部分的折射率发生永久性的增加。刻写过程结束后，光栅中残存的氢分子有扩散运动，且反映后存在不稳定的 Ge-OH 键，这都会造成光栅光学特性的不稳定，因此必须用高温退火的方法来保证光纤光栅实际应用时的稳定性。退火一方面可以清除残留在光纤中未反应的氢分子；另一方面可以破坏光栅写入后纤芯中一些不稳定的 Ge-OH 和 Ge-H 键。研究发现，退火后光线折射率变小，光栅谐振波长向短波方向漂移，光栅透射谱深度变小。

3.2 内部写入法制作光纤光栅

内部写入法又称驻波法。将波长 488nm 的基模氩离子激光从一个端面耦合到锗掺杂光纤中，经过光纤另一端面反射镜的反射，使光纤中的入射和反射激光相干涉形成驻波。由于纤芯材料具有光敏性，其折射率发生相应的周期变化，于是形成了与干涉周期一样的立体折射率光栅，它起到了 Bragg 反射器的作用，制作光纤光栅的内部写入法原理如图3-1所示。

光纤中沿相反方向传播的两列相干光波可表示为：

$$E_f = A\sin(kz - \omega t) \tag{3-1}$$

$$E_b = A\sin(kz + \omega t) \tag{3-2}$$

式中，A 为光波的振幅；k 为光波在光纤中沿轴向（z 方向）的传播常数；ω 为光波的角频率。

两列波相干叠加形成的驻波可表示为

$$E = E_f + E_b = 2A\sin kz\cos\omega t \tag{3-3}$$

驻波干涉条纹强度分布为：

$$I = 4A^2\sin^2 kz \tag{3-4}$$

由式（3-4）可知，驻波干涉条纹强度分布的空间周期 Λ 为 $\lambda_w/2n_{eff}$，λ_w 为写入光的波长，n_{eff} 为光纤的有效折射率。因此，用这种方法形成的光纤光栅的 Bragg 谐振波长 λ_B 为

$$\lambda_B = 2n_{ef}f\Lambda = \lambda_w \tag{3-5}$$

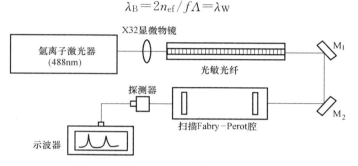

图 3-1　制作光纤光栅的内部写入法原理

因为纤芯具有光敏性，在与二次谐振波对应的位置上产生了双光子吸收，折射率会因此发生周期性的变化，即激光强度的周期性分布导致了光纤纤芯沿轴向约 1m 范围内的周期性折射率变化，于是形成了与驻波周期相一致的体积折射率光栅，即光纤布拉格光栅。

这种方法制得的光纤光栅已测得其反射率可达 90% 以上，反射带宽小于 200MHz。此方法是早期使用的，由于实验要求在特制锗掺杂光纤中进行，因此，这种光栅几乎无法获得任何有价值的应用，现在很少被采用。

3.3　干涉法制作光纤光栅

Meltz 等人最早提出一种在光敏光纤中写入布拉格光栅的外部写入法—干涉法，他们利用干涉仪原理将入射紫外光分为两束，然后两束光重新组合形成干涉场来侧面曝光光敏光纤，这样在光敏光纤的纤芯中就会形成永久性的折射率改变。制作光纤光栅的干涉方法主要有两种[59-64]：分振幅干涉法和分波前干涉法。

3.3.1　分振幅干涉法

Meltz 等人利用分振幅干涉法制作光纤布拉格光栅的实验装置如图 3-2 所示。工作波长范围为 486～500nm 的可调谐准分子泵浦染色激光器，经过一个非线性晶体进行倍频，在 244nm 处形成了足够相干长度的紫外光束，紫外光束被分为两束等强度的相干光，两束光重新相遇后产生了与光纤轴线垂直的干涉条纹，一对圆柱透镜将光聚焦到光纤上，形

成长约 4mm、宽约 $124\mu m$ 的聚焦光线。宽带光源与高分辨率的单色仪相连，用于监控光栅的反射谱和投射谱。

干涉条纹的强度分布可表示为

$$I(z)=2A^2[1+\cos(2K\sin\theta \cdot z+\varphi_0)]$$

$$(3\text{-}6)$$

由式（3-6）可知，干涉条纹的空间周期（即光纤光栅的周期为）

$$\Delta z=\frac{\lambda}{2\sin\theta}\qquad(3\text{-}7)$$

式中，λ 为相干光的波长。通过改变

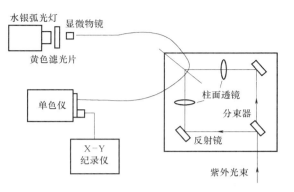

图 3-2　制作光纤光栅的分振幅干涉写入法

入射光波长或两相干光束之间的夹角 θ，可以改变光栅常数，获得适宜的光纤光栅。但是要得到高反射率的光栅，则对所用光源及周围环境有较高的要求。这种光栅制造方法采用多脉冲曝光技术，光栅性质可以精确控制，但是容易受机械振动或温度漂移的影响，并且不容易制作具有复杂截面的光纤光栅，目前这种方法使用不多。

1996 年，Dockney 等人改进了 Meltz 等人提出的分振幅干涉法，图 3-3 为分振幅干涉法的典型原理，而图 3-4 为改进装置。在图 3-2 所示普通干涉仪中，紫外光被分为等强度的两束相干光后，两光束在各自的光路上经过了不同次数的反射，因此干涉光束（波前）获得了不同的（横向）方位，这样光束空间相干性较低，这将导致产生的干涉条纹质量不高。而图 3-4 所示的干涉仪可以消除上述问题，在反射次数少的光路中增加了一个反射镜来补偿分光镜的反射，使得在两个光路中光束的反射次数相等，确保了到达光纤上时两束干涉光完全相同。放置在干涉仪之外的透镜将干涉光束聚焦成一条线性较好的直线，一边与光纤相匹配，照射纤芯的光强较高，有助于光栅的写入。

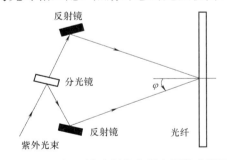

图 3-3　分振幅干涉法制作光纤光栅的典型原理

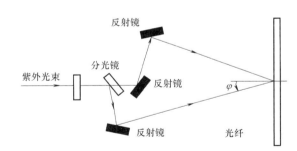

图 3-4　分振幅干涉法制作光纤光栅的改进装置原理

光纤光栅的周期 Λ 与干涉条纹图案的周期相等，并且取决于入射光波 λw 和两束相干光夹角的一半 φ。光栅周期为

$$\Lambda=\frac{\lambda w}{2\sin\varphi}\qquad(3\text{-}8)$$

式中，λw 是紫外光波长；φ 是两束相干光夹角的一半。根据布拉格条件 $\lambda=2n_{ef}f\Lambda$，布拉格谐振波长可以由紫外写入光波长和两束相干光夹角的一半表示为

$$\lambda_B=\frac{n_{eff}\lambda w}{\sin\varphi}\qquad(3\text{-}9)$$

式中，n_{eff}为纤芯有效折射率。由式（3-9）可以容易看出，布拉格光栅可以随 λw 和 φ 的变化而改变。λw 的选择会受到光纤中紫外光敏区域的限制，但选择 φ 角时却不会有什么限制。干涉法的一个优点就是可以在干涉仪中引入光学器件，允许对干涉光束的波前进行调节。实际应用中，将一个或多个圆柱透镜并入一个或两个干涉臂，可以产生参数范围较大的啁啾光栅。分振幅干涉法的最大优点在于通过改变两束相干光夹角，可以写入任意需求波长的布拉格光栅。另外，该方法可以灵活地制作不同长度的光栅，并且能够将其带宽压缩或展宽。

分振幅干涉法的主要缺点是对机械振动很敏感。在紫外光照射光纤的过程中，反射镜、分光镜或干涉仪中其他组件位置的亚微米级移动都会导致干涉条纹的漂移，使得光栅的写入失败。另外，由于激光束在照射光纤之前以及传输了相当长的一段距离，对折射率有影响的空气流因素不能忽略，它会降低干涉条纹的稳定性。除了以上不足之外，为了制作高质量的布拉格光栅，还要求光源具有很好的空间和时间相干性及非常稳定的波长和输出功率。

3.3.2　分波前干涉法

棱镜干涉仪和 Lloyd 干涉仪是两种具有代表性的可以在光纤中吸入布拉格光栅的分波前干涉仪。棱镜干涉仪的装置如图 3-5（a）所示，棱镜由高均匀性的紫外熔融石英制作而成，具有良好的传输特性。实验装置中紫外光束被棱镜边缘二等分，其中一束光被棱镜的内表面反射。在棱镜的出光面上两束光相遇，形成与光敏光纤纤芯平行的干涉条纹。装置前放置的一个圆柱透镜有助于沿光纤形成直线干涉条纹。由于光程差是产生在棱镜内部，它不受振动的影响，因此该干涉仪具有良好的稳定性，有报道说用棱镜干涉仪写入光栅时写入时间可以超过 8h。因为干涉图案是将光束折叠产生的，因此光束的不同部分必须相干，这就要求紫外光源必须有良好的空间相干性，这是棱镜干涉仪的一个主要缺点。

用 Lloyd 干涉仪写入光栅的实验装置如图 3-5（b）所示，干涉仪由一个绝缘的反射镜组成，将一半的紫外光束反射到与其倾斜的光纤上，写入光束被聚焦在反射镜面与光纤的交点上。直接入射的紫外光和被反射的紫外光产生与光纤轴线垂直的干涉条纹。与前面提到的棱镜干涉仪一样，Lloyd 干涉仪的条纹图也是将光束分割然后折叠形成的，要求光束

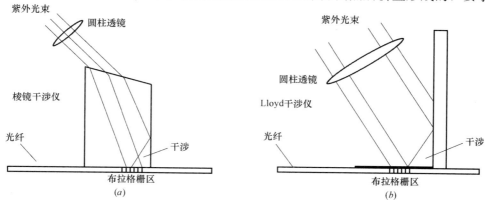

图 3-5　分波前干涉仪方法制作光纤光栅的原理
（a）棱镜干涉；（b）Lloyd 干涉仪

的不同部分必须相干，因此，所用的紫外光源也必须具有很好的空间相干性。

分波前干涉法一个重要优点是只需要一个光学器件，大大降低了其对机械振动的敏感性。此外，紫外光束分割后传输的距离较短，减小了由于光束所经光路的空气流动和温度不同造成的波前畸变；再者，由于装置简单，很容易进行旋转，这样就可以很容易地通过改变两束光的夹角来调节光栅的波长。

分波前干涉法的缺点是支撑的光栅长度受限，它主要取决于光束的半宽度；还有一个缺点是受干涉仪物理配置的限制，布拉格波长的调谐范围不大，因为随着夹角的增大，两束光的光程差也增大，这样光束的相干长度就会限制布拉格波长的调谐范围。

3.4 点光源写入法

这种方法是利用一点光源，沿光纤长度方向等间距地曝光，使光纤芯的折射率形成周期性分布而制成光纤光栅。1991年，加拿大通信研究中心的 Hill 等人采用 248nm 的 KrF 准分子激光器在光纤中逐点写入栅距为 5901nm 的光栅，该光栅可以将光纤中传输的基模耦合到高阶模。1993 年，该研究组又制成了栅距为 $1.59\mu m$ 的光栅，并在 1500nm 处观察到三阶 Bragg 衍射，实验装置如图 3-6 所示。

由 KrF 准分子激光器发出的高功率 248nm 紫外激光脉冲垂直照射在缝宽为 $15\mu m$ 的狭缝光阑上，一个透镜（$NA=0.25$，$f=15mm$）将狭缝光阑成像在光敏光纤上，引起光致折射率变化，从而形成光栅的一个单元，每个单

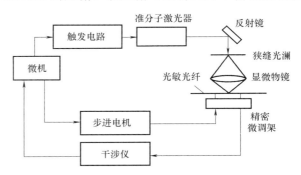

图 3-6 点光源写入光纤光栅原理示意图

元的宽度约为 $0.7\mu m$。在写入一个光栅单元后，借助于一个由干涉仪测控的精密平移微调架，将光敏光纤沿平行与光纤轴向移动长度等于光栅周期 A 的一段距离，然后写入另一个光栅单元。通过重复平移和曝光过程，就可以在光纤中逐点写入光栅。整个写入过程，包括准分子激光器的触发和光纤平移都是在微机控制下自动完成的。最近，又报道了采用 10.6m 自由空间波长 CO_2 激光脉冲在光敏光纤中逐点写入长周期光栅的实验结果，不需价格较贵的准分子激光器，使光纤光栅的写入更加方便。

逐点写入法的优点是灵活性高，周期容易控制，对光源的相干性没有要求。缺点是需要亚微米间隔的精确控制，难度较大；受光点几何尺寸限制，光栅周期不能太小，适于写入长周期光栅。

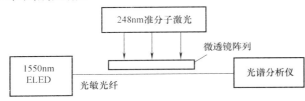

图 3-7 用微透镜阵列写入长周期光纤光栅示意图

香港理工大学的 Liu 等人采用微透镜阵列将一平行的宽束准分子激光聚焦成平行等间距的光条纹，投影到光敏光纤上，在光纤写入了长周期光栅，如图 3-7 所示。

波长为 248nm 的宽束准分子激

光脉冲垂直入射到微透镜阵列上，透过微透镜阵列，在其焦平面形成一系列等间距的聚焦条纹，条纹处光强比入射光强高出三个数量级，因此大大提高了写入效率。透镜阵列的周期为 44nm，宽度为 10nm，因此可以一次对多根光纤曝光。这种方法写入的光栅周期取决于相邻透镜之间的中心间距，受透镜尺寸的限制，光栅周期不能太小，适于制作长周期光栅。

　　逐点写入法的主要优点是可以很灵活的选择光纤光栅的参数。因为光栅的结构是每次一点来形成的，所以光栅的长度、倾斜度和谱线响应的变化都很容易组合，只要在每次照射光纤时增加光纤移动的距离就可以制作出精确的啁啾光栅和长周期光纤光栅。逐点写法还可以制作光栅周期 Λ 从几十微米到几十毫米的空间模转换器、偏振模转换器或摆动滤波器。此外，由于在折射率变化点处紫外光脉冲能量可以改变，光栅的折射面可以根要求制成任何变迹。

　　逐点写入技术的缺点是需要耗费相当长的处理时间。由于热效应和光纤应变的微小变化可能会导致误差出现，这样就必须将光栅的长度限制在很短的范围内。另外，由于亚微米移动台很精确聚焦的要求，很难制成一阶 1500nm 的光纤光栅。

3.5　相位掩膜法

　　相位掩膜是采用电子束平板印刷术或全息曝光蚀刻于硅基片表面的一维周期性（周期

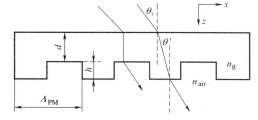

图 3-8　光波通过相位掩膜板时产生相位延

为 Λ_{PM}）透射型相位光栅，其实质是一种特殊设计的光学衍射元件[71-84]，如图 3-8 所示。

　　在图 3-8 中，在相位掩膜的前表面处，设光场是单位振幅、相位为零的平面波，掩膜对光强的吸收忽略不计，当掩膜中齿、槽部分的宽度相等时，则相位掩膜的透过率函数可以表示为

$$F(x)=\begin{cases}\exp(i\varphi_1)\left(\left|x-(2J+1)\dfrac{\Lambda}{2}\right|<\dfrac{\Lambda_{PM}}{2}\right)\\ \exp(i\varphi_2)\left(|x-J\Lambda|\dfrac{\Lambda_{PM}}{2}\right)\end{cases} \tag{3-10}$$

式中，J 为 0，±1，±2，…；Λ_{PM} 为相位掩膜的周期；φ_1 和 φ_2 为光波经过相位掩膜的齿和槽时产生的相位延迟，可以表示为

$$\varphi_1=\frac{2\pi}{\lambda}(d+h)\cos\theta_i',\varphi_2=\frac{2\pi}{\lambda}(n_gd\cos\theta_i+h\cos\theta_i) \tag{3-11}$$

　　式中，n_g 为相位掩膜材料的折射率；θ_i 为入射角；θ_i' 为折射角；d 为掩膜厚度；h 为齿高。

　　因此，在相位掩膜的后表面 2 处，光波长为

$$E(x)=\exp\left(i\frac{2\pi}{\lambda}x\sin\theta_i\right)F(x) \tag{3-12}$$

　　式中，相因子 $\exp\left(i\dfrac{2\pi}{\lambda}x\sin\theta_i\right)$ 是平面光波以 θ_i 角入射到相位掩膜形成的相位分布。

将经相位掩模调制后的光波场进行 Fourier 级数展开，得

$$E(x) = \exp\left(i\frac{2\pi}{\lambda}x\sin\theta_i\right)\sum_{-\infty}^{+\infty}c_m\exp\left(i\frac{2m\pi}{\Lambda_{PM}}x\right) \tag{3-13}$$

其中，展开系数为

$$c_m = \frac{1}{\Lambda_{PM}}\int_{-\Lambda_{PM}/2}^{\Lambda_{PM}/2}F(x)\exp\left(-i\frac{2m\pi}{\Lambda_{PM}}\right)dx \tag{3-14}$$

$$\begin{cases} c_0 = \dfrac{1}{2}\left[\exp(i\varphi_i)+\exp(i\varphi_2)\right] \\ c_m = \dfrac{\sin(m\pi/2)}{m\pi}\left[\exp(i\varphi_2)-\exp(i\varphi_1)\right]\ (m=\pm1,\pm2,\cdots) \end{cases} \tag{3-15}$$

于是，0 级衍射光波和 m 级衍射光波的相对光强分别为

$$\begin{cases} I_0 = |c_0|^2 = \dfrac{1}{2}\left[1+\cos(\varphi_1-\varphi_2)\right] \\ I_m = |c_m|^2 = \dfrac{2\sin^2(m\pi/2)}{m^2\pi^2}\dfrac{1}{2}\left[1+\cos(\varphi_1-\varphi_2)\right]\ (m=\pm1,\pm2,\cdots) \end{cases} \tag{3-16}$$

由上式可知，相位掩模的高级衍射波强度较弱，通常只需考虑 0 级和 ±1 级衍射波，而且在正入射时 ±1 级衍射波的强度相等。

相位光栅的第 m 级衍射光波的衍射角可由下面的光栅方程决定：

$$\sin\theta_m - \sin\theta_i = m\frac{\lambda_w}{\Lambda_{PM}}\ (m=\pm1,\pm2,\cdots) \tag{3-17}$$

式中，θ_m 为第 m 级衍射光波的衍射角。

3.5.1 写入光斜入射

斜入射时可能产生多级衍射光束，通常情况下只需考虑零级和 ±1 级衍射波。下面具体计算这三列平面波形成的干涉场分布。设这三列衍射波在平面 2（相位掩模板后表面 2），如图 3-9 所示。复振幅分别为

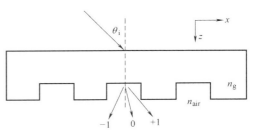

图 3-9　光波通过相位掩膜板时
发生衍射（斜入射）

$$\begin{cases} E_0(x) = A_0\exp(iK\sin\theta_0 x) \\ E_{-1}(x) = A_1\exp(iK\sin\theta_{-1}x) \\ E_1(x) = A_1\exp(iK\sin\theta_{+1}x) \end{cases} \tag{3-18}$$

三列波的叠加为

$$\begin{aligned} E(x) &= E_0(x)+E_{-1}(x)+E_{+1}(x) \\ &= A_0\exp(iK\sin\theta_{+1}x)+A_{-1}\exp(iK\sin\theta_{-1}x)+A_1\exp(iK\sin\theta_{+1}x) \end{aligned} \tag{3-19}$$

干涉场的强度分布为

$$\begin{aligned} I(x) = E(x)E(x)^* &= (A_0^2+2A_1^2)+2A_0A_1\cos\left[K(\sin\theta_0-\sin\theta_{-1})x\right]+ \\ & 2A_0A_1\cos\left[K(\sin\theta_0-\sin\theta_{+1})x\right]+2A_1^2\cos\left[K(\sin\theta_{-1}-\sin\theta_{+1})x\right] \end{aligned} \tag{3-20}$$

式中，第二、三项分别表示 0 级衍射波和 ±1 级衍射波的干涉，干涉条纹周期为

$$\Lambda_{0,\pm1} = \frac{\lambda}{|\sin\theta_0-\sin\theta_{\pm1}|} \tag{3-21}$$

由光栅方程（3-17）可知

$$| \sin\theta_0 - \sin\theta_{\pm 1} | = \frac{\lambda}{\varLambda_{PM}} \qquad (3\text{-}22)$$

代入式（3-21），得

$$\varLambda_{0,\pm 1} = \varLambda_{PM} \qquad (3\text{-}23)$$

式（3-20）中第四项为±1 级衍射波的干涉，干涉条纹周期为

$$\varLambda_{+1,-1} = \frac{1}{2}\varLambda_{PM} \qquad (3\text{-}24)$$

按照文献中的数据，零级衍射效率为 26％（占入射光功率的比率），±1 级衍射效率为 14％，图 3-10 为零级和±1 级衍射波干涉条纹的强度分布计算结果。

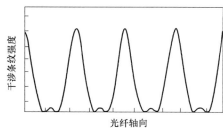

图 3-10　斜入射时零级和±1 级衍射波干涉条纹强度分布曲线

从图 3-10 可以看到，±1 级衍射光之间的干涉条纹很弱，整个干涉条纹的周期仍为 $\varLambda_{PM}$。因此可以得到以下结论：在斜入射时，相位掩模产生的干涉条纹的周期与相位掩模的周期相等，而与入射光的波长无关。同时还可以看到，±1 级衍射光之间的干涉使干涉条纹的对比度降低，这是制作光纤光栅所不希望的。由光栅方程（3-17）可知，当写入光束的入射角 θ_i 满足下式时

$$\sin\theta_1 + \frac{\lambda}{\varLambda_{PM}} > 1 \qquad (3\text{-}25)$$

可以消除＋1 级衍射光，只剩下零级和－1 级衍射光，此时干涉条纹的强度分布可以表示为

$$I(x) = (A_0^2 + A_{-1}^2) + 2A_0 A_{-1} \cos[K(\sin\theta_0 - \sin\theta_{-1}).x] \qquad (3\text{-}26)$$

干涉条纹的对比度为

$$\gamma = \frac{I_{\max} - I_{\min}}{I_{\max} + I_{\min}} = \frac{4A_0 A_{-1}}{2(A_0^2 + A_{-1}^2)} \qquad (3\text{-}27)$$

当 $A_0 = A_{-1}$ 时，干涉条纹具有最大对比度 1。由式（3-16）容易计算出零级衍射光和负一级衍射光具有相等光强的条件为

$$\varphi_1 - \varphi = 2\arctan\frac{\pi}{2} \qquad (3\text{-}28)$$

3.5.2　写入光正入射

由光栅方程（3-17）可知，当 $\varLambda_{PM} < \lambda$ 时，正入射只存在零级衍射光，不会产生干涉条纹。当只有 $\varLambda_{PM} > \lambda$ 时，正入射才会产生高级衍射光，而且正、负极衍射光相对于入射线左右对称，如图 3-11 所示。

仍然只考虑零级和±1 级衍射波，设这三列平面波在相位光栅后表面 2 的复振幅分

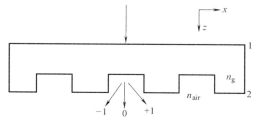

图 3-11　光波通过相位掩膜板时发生衍射（正入射）

别为

$$\begin{cases} E_0(x)=A_0 \\ E_1(x)=A_1\exp(iK\sin\theta_1 x) \\ E_{-1}(x)=A_{-1}\exp(iK\sin\theta_{-1} x) \end{cases} \tag{3-29}$$

三列波的叠加为

$$\begin{aligned} E(x) &= E_0(x)+E_{-1}(x)+E_{+1}(x) \\ &= A_0+A_1\exp(iK\sin\theta_1 x)+A_1\exp(2K\sin\theta_1 x) \end{aligned} \tag{3-30}$$

干涉场的强度分布为

$$\begin{aligned} I(x) &= E(x)E(x)^* = (A_0^2+2A_1^2)+4A_0A_1\cos(K\sin\theta_1 x)+ \\ &\quad 2A_1^2\cos(2K\sin\theta_1 x) \end{aligned} \tag{3-31}$$

式中，第二项表示零级衍射波和±1级衍射波之间的干涉，干涉条纹周期为

$$\Lambda_{0,\pm1}=\frac{\lambda}{\sin\theta_1}=\Lambda_{\mathrm{PM}} \tag{3-32}$$

式（3-31）中第三项表示±1级之间的干涉，干涉周期为

$$\Lambda_{+1,-1}=\frac{\lambda}{2\sin\theta_1}=\frac{\Lambda_{\mathrm{PM}}}{2} \tag{3-33}$$

图 3-12 是零级和±1级衍射波干涉条纹的强度分布图。由图可知，当零级衍射存在时，干涉条纹的对比度降低。因此为了提高干涉条纹的对比度，必须设法抑制零级衍射。

由式（3-16）可知，当 $\varphi_1-\varphi_2=\pi$ 时，零级衍射光强为 0，正入射时有

$$\varphi_1-\varphi_2=\frac{2\pi h}{\lambda}(n_{\mathrm{g}}-1) \tag{3-34}$$

可得

$$h=\frac{\lambda}{2(n_{\mathrm{g}}-1)} \tag{3-35}$$

即当相位掩模的齿高 h 满足式（3-35）时，零级衍射光强为零。此时，干涉条纹强度分布为

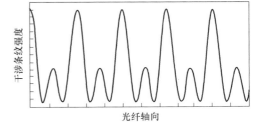

图 3-12 写入光正入射时，零级和±1级衍射光干涉条纹强度分布曲线

$$I(x)=2A_1^2\big[1+\cos(2K\sin\theta_1 x)\big] \tag{3-36}$$

干涉条纹周期为

$$\Lambda=\frac{\lambda}{2\sin\theta_1}=\frac{\Lambda_{\mathrm{PM}}}{2} \tag{3-37}$$

综上所述，无论是斜入射还是正入射，相位掩模的干涉条纹周期均与入射光的波长无关。斜入射时，干涉条纹的周期与相位掩模的周期相同，正入射时干涉条纹的周期是相位掩模周期的一半。

3.5.3 相位掩模板法制作光纤光栅

1993 年，Hill 等人首次采用相位掩模法成功写入光纤 Bragg 光栅，光源是 248nm 的 KrF 准分子激光器，相位掩模采用零级抑制位相掩模，周期 $\Lambda_{\mathrm{PM}}=1060\mathrm{nm}$，零级衍射光受到抑侧小于总衍射光功率的 5%，正负一级衍射光各占总衍射光功率的 37%，采用正入

射曝光 20min 后在 1531nm 处得到 16％ 的反射率。不久，该研究组又采用类似方法，用单个 KrF 准分子激光脉冲在光敏光纤中写入了光纤 Bragg 光栅。

几乎与此同时，德国贝尔实验室的 Anderson 也用相位掩模法成功的制作了光纤光栅。他们使用的相位掩模周期 Λ_{PM}＝519nm，采用斜入射，入射角为 13°，零级衍射光占入射光功率的 26％，正负极各占 14％，在 1508.5nm 处得到 94％ 的反射率。

由于相位掩模法具有许多独特的优点，因此很快便成为制作 Bragg 光栅的首选方法。这种方法的最大优点是写入 Bragg 光栅的周期仅由位相光栅掩模的周期 Λ_{PM} 和写入光束的方向决定，而与写入光的波长无关，工艺简单，重复性好，成品率高，便于大规模生产，对光源的时间相干性和单色性要求较低。另外，相位掩模近场衍射所形成的干涉条纹的位相与写入光束入射到相位掩模上的位置无关，因此可以用来写入均匀周期长光栅。

相位掩膜法技术大大降低了光纤光栅制作系统的复杂程度，简单到只需一个光学器件就可制作较强和比较稳定的光纤光栅，因为光纤通常都放在模板后面衍射光的近场中，对机械振动的敏感性以及由其产生的不稳定性等问题都被最大限度的克服了。由于干涉仪的几何结构、时间相干性不会影响写入能力（与干涉仪相比），但空间相干性对光栅的制作很重要。另外，相位掩膜法要求光纤被放置在与相位模板光栅结构近乎接触的位置，以便能够产生最大的折射率调制。显然，光纤与相位模板的距离在写入光栅过程中是一个很重要的参数。对于空间相干性不好的紫外光源，如准分子激光器等，应该使这个距离尽可能小。

图 3-13 所示的装置可以帮助理解空间相干性的重要性，纤芯与相位模板的距离为 h，从模板不同部分（间隔距离为 y）透过的 +1 阶衍射和 -1 阶衍射光束干涉形成干涉条纹，由于对两束相干光来说，光纤到相位模板的距离是相等的，因此并不要求较好的时间相干性，一样可以形成对比度高的干涉条纹。但是，随着距离 h 的增加，两束相干光的间隔距离 y 也会增加，因此必须要求光源具有很好的空间相干性才能形成对比度高的干涉条纹，如果距离 h 增加到超过入射紫外光的空间相干长度时，条纹对比度会迅速恶化，最后根本不会产生干涉。

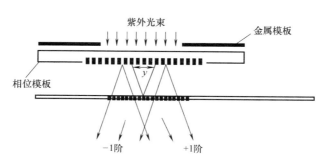

图 3-13　利用相位模板几何光学在光纤中写入光纤光栅

3.5.4　改变相位模板的周期

相位光栅掩模复制法也有其缺陷，最大的缺点是制作不同 Bragg 波长的光栅需要不同周期 Λ_{PM} 的相位光栅掩模，而相位光栅掩模是在熔融石英上刻蚀出的一维周期性表面浮雕结构，需要多步工艺，制作成本较高。缺点之二是尽管可以通过优化设计在很大程度上抑制零级和高级衍射光,但剩余衍射光的干扰仍然使干涉条纹的对比度不是很高;三是由于相位光栅掩模与光敏光纤相邻近,照射在相位掩模上的激光强度至少同光敏光纤上的一致,高强度和长时间的紫外光照射会缩短相位掩模的使用寿命。为了克服这些缺陷,他们提出了多种改变相位掩模板周期的写入技术。

1. 相位掩模投影法

Rizvi 等人提出了一种相位掩模投影法,如图 3-14 所示。

该方法的主要创新之处是采用了一个透镜组将相位光栅掩模的近场干涉条纹缩小成像投影于远处的光敏光纤上,这样有如下好处:首先可以在透镜组中加入光栅以消除零级衍射光,提高干涉条纹的对比度;其次通过改变透镜组的倍率,便可用固定周期的相位掩模方便的写入不同谐振波长的光纤光栅;三是由于透镜组倍率较高(例如 10 倍),相位光栅上较低的光强便可在光敏光纤上产生足以写入光栅的光强,提高了相位光栅掩模的使用寿命。

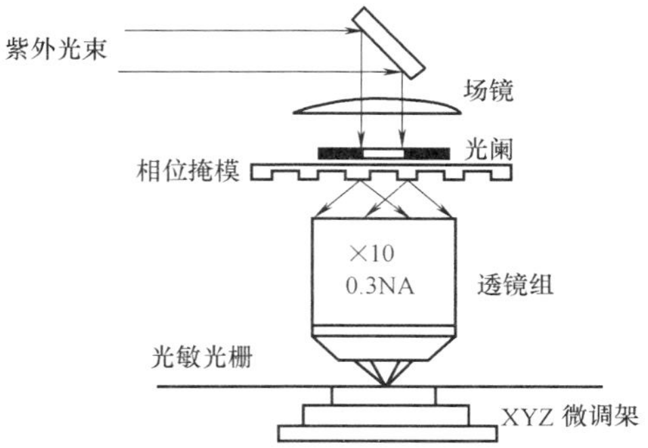

图 3-14 相位掩模投影法写入光纤光栅

2000 年,Stump 等人又提出了一种新的采用同一相位掩模制作不同波长 Bragg 光栅的新方法,实验装置如图 3-15 所示。

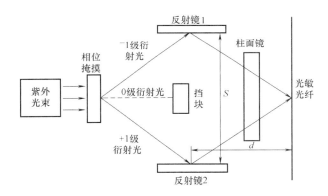

图 3-15 同一相位掩模制作不同波长光纤光栅装置示意图

该方法可以看作是相位掩模法和侧面全息曝光法的结合。紫外光束首先通过一个零级抑制的相位掩模,残余的零级衍射光被一挡块挡住,±1 级衍射光分别经两个反射镜反射后在光敏光纤处形成干涉条纹。干涉条纹的周期为

$$\Lambda = \frac{\lambda_{\mathrm{w}} \sqrt{4d^2 + S^2}}{2S} \tag{3-38}$$

式中,λ_{w} 为写入光的波长;S 为两反射镜之间的距离;d 为光束的反射点与光敏光纤之间的距离。通过调节两反射镜的角度,可以方便地改变干涉条纹的周期,从而写入不同波长的光纤光栅。采用周期为 886.2nm 的零级抑制相位掩模,通常只能写入 1286nm 波长的光纤光栅,采用上述方法可以写入波长 1240~1550nm 的光纤光栅。

2. 透镜成像法

透镜调谐是指入射光在入射到相位掩模板之前加入一个透镜，使衍射光的波阵面曲率发生变化，从而改变相位掩模板的光栅周期。1993 年，Prohaska 等人采用了焦距为 180nm 的熔凝石英会聚透镜，使 1300.38nm 的 Bragg 波长向短波 1298.67nm 移位，如图 3-16 所示。

若透镜与相位掩模的间距为 l_1，相位掩模和光纤的间距为 l_2，入射的平面波经焦距为 f 的正透镜后，波阵面变成了会聚的球形，则放大率 M 可表示为

$$M \frac{f-l_1-l_2}{f-l_1} \qquad (3-39)$$

为了增加光栅周期的缩小率，可增大间距 l_2。然而，间距 l_2 受限于光纤的放置位置，即光纤应放置在通过相位掩模板后

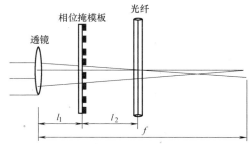

图 3-16　改变相位掩模板周期的透镜成像原理

的 Fresnel 近场中。光栅周期的更大变化可通过具有更短焦距的透镜获得。因此，相位掩模周期最大可获得的变化率为几个百分点。

3. 施加预应力法

在用相位掩模法写入光纤光栅时，通过对光纤施加预应变的方法也可以调节光纤光栅的反射波长。Zhang 等人证实了这种技术，他们可以在同一点写入波长不同的两个光栅。在他们的实验中，紫外光源采用了 KrF 准分子激光器，相位掩模的尺寸为 10nm×0.45nm，周期为 1060nm，第一个光栅是在未加应变的光纤中写入的，中心波长为 1534.84nm（未加应变所测试得的波长）。这种方法的波长调节范围受到光纤机械强度的限制，而通常普通光纤在不损坏的前提下不可能产生超过 5% 的应变。上面的技术还有另外一个优点，可以制作复杂的光纤光栅，如啁啾光纤光栅。

3.6　光纤光栅制作中旁瓣的抑制

均周期性光纤光栅的沿轴方向折射率分布可写为

$$n(x) = n_0 + \delta_n + \Delta n_{max} \cdot \upsilon \cdot \cos\left(\frac{2\pi}{\Lambda} Z\right) \qquad (3-40)$$

式中，n_0 为纤芯折射率值；δ_n 为纤芯折射率的平均增长值；Δn_{max} 为纤芯的最大折射率变化量；υ 为折射率的调制幅度；Λ 为均匀光栅周期长度。

图 3-17（a）和（b）分别示出均匀光纤光栅的折射率分布和反射谱示意图。由图 3-17（b）所示的光谱特性说明一定带宽 $\Delta\lambda$ 的谐振峰两边有一些旁瓣，这是由于光纤光栅的两端折射率突变引起 Fabry-Perot 效应所至。这些旁瓣分散了光能量，不利于光纤光栅的应用，所以均匀光纤光栅的旁瓣抑制是表征其性能的主要指标之一。

为了将反射旁瓣影响降至最小程度，必须弄清楚反射旁瓣产生的原因。假设采用相位掩模板方法制作光纤光栅，且刻制光纤光栅的光强沿光栅轴为高斯分布，则该光强分布在光纤中所形成的折射率变化 $\Delta n(z)$ 也为高斯分布，折射率变化相应的表达式为

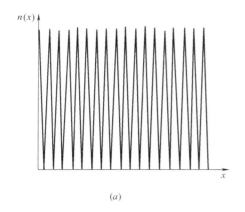

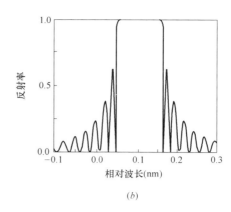

(a)　　　　　　　　　　　　　　(b)

图 3-17　均匀光纤光栅的折射率分布和反射率示意图

$$\Delta n_{e}(z) = \Delta n_{e} \exp\left(-\frac{4\ln 2 z^{2}}{FW}\right) \tag{3-41}$$

式中，Δn_{e} 为光致折射率变化的直流峰值；而 FW 为光栅中折射率分布的半值最大全宽 $FWHM$（Full Width Half Maximum），用于描述 $\Delta n_{e}(z)$ 高斯分布的轮廓，$FWHM$ 越小则表示 $\Delta n_{e}(z)$ 变化越陡，当 $FWHM \to \infty$ 时，高斯分布为均匀分布。图 3-18 分别给 $FWHM = 0.5L$ 及 L（L 为光栅长度）时，高斯分布变化的示意图。

应用传输矩阵方法，可计算出光纤光栅中折射率 $\Delta n_{e}(z)$ 为高斯分布时的反射谱。图 3-19 为不同分布轮廓系数对光纤光栅反射旁瓣的影响，其中（a）：$FWHM = \infty$，（b）：$FWHM = L$，（c）：$FWHM = 0.5L$，（d）：$FWHM = 0.4L$。由图可知，随着高斯分布参数 FWHM 的减小，光纤光栅的反射谱旁瓣受到明显的抑制，但在主反射带短波长侧仍有较大的旁

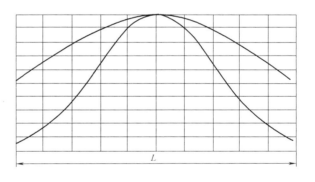

图 3-18　不同 FWHM 的高斯分布

瓣。因此，仅用高斯光束直接刻制的光纤光栅难以有效地抑制光栅反射旁瓣（短波长侧）。

研究分析表明，光纤光栅反射谱在短波长一侧的反射旁瓣是由于光致折射率变化为非均匀时，光纤中的有效折射率从随光纤光栅的位置而变化，使光栅形成自啁啾效应所造成的。显然，只要在光纤光栅的长度范围内使非均匀折射率变化的直流分量保持为恒定值，便可以避免光纤光栅中的自啁啾效应，从而有效地消除光纤光栅反射谱短波长侧的旁瓣。

这里分析讨论的光致折射率变化分布的获得，都是基于"相位模板"方式。拟刻写光栅的光纤（经载氢并剥去护套）直接置于相位模板下，光束垂直照射，光纤相位模板产生的干涉条纹使光纤受到周期结构光强的照射，从而产生周期结构的折射率变化，其分布取决于刻写光栅的光强分布和光纤折射率分布。一般情况下，后者沿光轴向分布是均匀的，因此，光纤光栅折射率变化的分布取决于光强的分布。当光强为高斯分布时，所形成的折

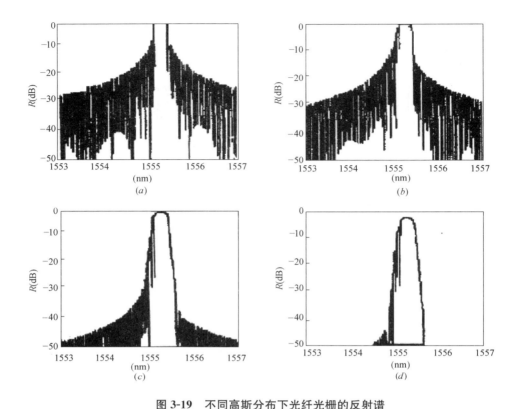

图 3-19　不同高斯分布下光纤光栅的反射谱

(*a*) *FWHM*=∞；(*b*) *FWHM*=*L*；(*c*) *FWHM*=0.5*L*；(*d*) *FWHM*=0.4*L*

射分布也呈高斯分布。

　　显然，要使非均匀折射率变化分布的直流成分为恒定值，必须使光纤中折射率的变化是关于光栅轴对称的。因此，应使拟刻光栅的光纤折射率变化沿轴向分布为光强分布的反分布，即应在拟刻光栅的光纤上形成一折射率分布轮廓，然后再在该反对称折射率分布的光纤上刻制光纤光栅。为此，可以采用两步曝光法来实现。第一步曝光不加相位模板，使光纤上拟刻光栅的部位形成所需的折射率分布；第二步曝光是把相位模板加于光纤的相应位置上，使该部分形成光栅的周期结构。在实际的应用中，可以用相对简便的方法去实现光纤中背景折射率的分布。

　　设拟刻光栅的光纤部分为 R，长度为 L，如图 3-20 所示。先把高斯分布光束的中心点对准 R 的中心点；然后把光束平移 L，使其对准待刻光栅（R）部位的右端，使右半部分曝光，形成图中箭头（*a*）所示的光致折射率变化；而后再把光束平移 L，移到拟刻光栅的左半部分（光束中心对准 L 的左端），使左半部分曝光，形成图中箭头（*b*）所示的光致折射率变化。这样便在拟刻光栅的部分 R 形成了一折射率分布。第二步曝光时，便可在此折射率背景

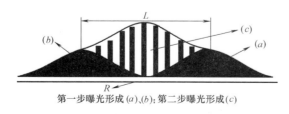

第一步曝光形成(*a*)、(*b*)；第二步曝光形成(*c*)

图 3-20　两步曝光法刻制光纤光栅

中形成周期结构的折射率，如图 3-20 中箭头（c）所示。

采用两次曝光方法，用高斯光束和均匀相位模板（uniform phase mask）实现了光纤布拉格光栅中折射率变化为高斯分布，而其折射率变化的直流分量为恒定值，有效地抑制了光纤光栅反射谱的反射旁瓣（可抑制 10～15dB），使光纤光栅主反射带具有相当锐利的边裙，230dB 的带宽相当窄（约 0.6nm），满足 DWDM 系统中消除信道串扰的要求。

3.7 光纤光栅的写入光源

由于光纤光栅的 UV 光敏性，故通常采用 UV 光波长曝光来制作光纤光栅，表 3-2 列出制作光纤光栅用的 UV 光源及其性能。

从光纤光栅的研制角度考虑，窄线宽准分子激光器最适宜，只是因为：第一，在非锗（Ge）石英光纤上制作光纤光栅所需求的曝光量大，最高达 200mJ/脉冲，而且单脉冲写入技术也要求使用准分子激光器，其他光源不适用；第二，这种光源具有良好的时间和空间相干性。

制作光纤光栅用的 UV 光源及其性能　　　　　　　　　　　　表 3-2

光源	物理机制	优点	缺点
1. KrF 准分子激光器(248nm) 2. 倍频的氩离子激光器(244nm，257nm) 3. 四倍频的 Nd3＋:YAG 激光器(266nm) 4. 二次谐波铜蒸气激光器(255nm) 5. Xecl 准分子激光器倍频染料激光器(240～250nm)	GODC240nm 处单光子吸收	KrF 准分子激光器无须倍频，可提供短脉冲、高功率的能量，脉冲输出频率可调,既可保证掩膜法所需的相干度，操作亦简单方便。是目前最为常用的光源	
氩离子激光器(488nm 和 514nm)	GODC240nm 处单光子吸收		与内部吸入法结合形成驻波成栅，现在已不常用该法
近紫外的连续氩离子激光器(333～364nm)	GODC330nm 处单光子吸收		形成的折射率调制量很小
ArF 准分子激光器(192nm)		1. 可以在普通标准光纤上刻写光栅，而无须提高锗的掺杂浓度； 2. 由于光源波长短，因此在点点写入法中可以提供高空间分辨率	激光能量要低于 248nm 的 KrF 准分子激光器
F2 激光器的真空紫外光(157nm)	直接激发掺锗石英光纤的传导带	折射率增长速度很快,折射率增长速率高于 193nm 辐射的情况	1. 在标准 SMF28 光纤中得到的最大折射率调制量并不高(10^{-4})； 2. 存在深紫外光通过空气、掩膜板达到光纤包层的传输问题

41

续表

光源	物理机制	优点	缺点
自由空间 CO_2 激光器(1060nm)	CO_2 作为泵浦源	对光纤直接曝光并辅以计算机平台控制,可制作周期不同的长周期光纤光栅。无须紫外光源,光纤也不用载氢处理,具有良好的应用前景	适用于制作长周期光纤光栅
钛宝石激光器的 800nm 飞秒脉冲	多光子吸收	1. 在光线中仅有几个脉冲就能产生非常高的折射率调制量; 2. 可以再不经增敏处理的光纤上直接刻写光栅,减少光纤光栅的制作步骤; 3. 高温下许多紫外光刻写出的光栅会逐渐消失,而飞秒脉冲写入的光栅不存在这个问题,因此刻写出的光栅适合做高功率光纤激光器的腔镜; 4. 可以使用比普通准分子激光器的纳秒级脉冲能量高几个数量级的飞秒脉冲曝光光纤,而不会造成光纤损伤	
高强度的 264nm 紫外飞秒脉冲	GODC240nm 处双光子吸收		

第4章 光纤光栅传感器

4.1 设计原则

与一般传感器的设计类似，光纤光栅传感器的设计也要遵循以下的基本原则[65-74]：

（1）相容性。将光纤传感器成功应用于工程结构领域，其最重要的技术难点之一就是传感器与被测结构之间的相容性问题，即传感器与被测结构的变形匹配问题，传感器以与被测结构材料基质的性质越相近越好。尽量避免或减小对被测对象物理特性的影响，必须从以下几个方面考虑：

1）强度相容：埋设或粘贴的传感器不能影响被测结构的强度或影响很小。

2）界面相容：传感器的材料外表面与结构材料要有相容性。

3）尺寸相容：传感器的长度要与结构构件相比体积应尽量小，保证传感器与待测结构变形相匹配。

4）场分布相容：传感器材料不能影响待测结构的各种场分布特性，如应力场。

（2）传感特性。裸光纤光栅是优良的传感元件，在封装后要尽量保持其固有的优良特性，而其传感特性与封装结构、封装材料和封装工艺密切相关。

（3）工艺性。传感器的设计要尽量简单、便于加工，封装的各个传感器的各项性能指标要保证基本一致，以达到对传感器的一致性和重复性的要求，便于批量生产。

（4）使用性能。传感器的安装、保护和调试要简单、方便，最好可重复使用，并满足大型工程结构现场的施工要求。

光纤光栅传感器的设计最终目的是为了在实际工程上的应用。因此在光纤光栅传感器的设计过程中，除了需要考虑光纤光栅传感的基本原理外，还应当考虑到实际工程应用过程中的复杂情况。归纳起来，实际工程对光纤光栅传感器的设计工作提出了以下要求：

（1）性能指标要求。即传感器的感测物理与传感器中心波长之间的函数关系要准确，产品一致性、量程和测量精度满足工程要求。

（2）稳定性和重复性要求。要求传感器的稳定性高，尤其是长时间测量的稳定性与重复性保证在1%FS。

（3）工程适应性。传感器应便于工程安装，安装过程不影响传感器性能。传感器须保护好，传感器本身和串接的光纤连接安全科学，正常工程施工活动不会对传感器和连接光缆造成损坏。

（4）寿命要求。与建筑结构的使用寿命相关，一般建筑设计使用寿命30年，大型桥梁100年，大坝100年。传感器产品寿命目前没有国家标准要求，一般根据测试需要确定。

（5）符合标准和使用习惯。产品符合国家标准和工程的使用习惯，对尚没有国家标准的新产品，应尽可能参照传统产品的标准和尺寸。

工程光纤光栅传感器件的设计主要从三个方面着手：一是结构设计，二是材料选择，三是工艺选择。虽然光纤光栅传感器是一种新型传感器，但在设计产品时应尽可能地参考传统传感器。如此，一方面可以吸收传统传感器在设计上的优点，另一方面做出的传感器在性能和外观上使客户容易接受。

（1）结构设计。传感器结构设计的目的，是使传感器对被测物理量敏感，同时尽量对其他物理量减敏，并使传感器的结构具有良好的稳定性，易于加工和生产。针对不同的被测物理量，需要采用不同的结构设计方法。

（2）材料选择。由于不同材料的物理性质和化学性质不同，如弹性模量不同（即受力不同）。因此，需要针对具体应用场合选择合适的材料。若应用在高温环境中，则需要采用耐高温材料对光纤光栅进行封装。

（3）工艺选择。在确定了传感器的结构并选定了使用材料后，选择合适的封装工艺就成为决定光纤光栅传感器质量的重点。为此，必须进行大量的技术探索和工艺实验，以便获得工程光纤光栅传感器的实际研制经验。

4.2　光纤光栅应变传感器

作为传感用的光纤光栅最初是应用于航空、航天等军事领域。它能测量多种物理量，如应变、应力、温度、振动、压力等。其中应变是反映材料和结构力学特征的重要参数之一，从材料和结构中的应变分布情况能够得到构件的强度储备信息，确定构件局部位置的应力集中以及构件所受实际载荷状况。在对钢筋混凝土结构的监测中，通常是利用电阻应变计进行应变监测。但是由于电阻应变计的诸多缺点，如易受电磁信号干扰、易受外界环境腐蚀、埋入工艺复杂、寿命短、导线埋入数量多等，所以使其无法满足实时、在线的结构监测要求。近年来，人们进行了大量的工作，利用光纤光栅（FBG）替代电阻应变计，将之埋入到混凝土结构中来监测应变。1993 年，美国多伦多大学的 Measures 等人在 Galgurg 市的世界首座预应力碳纤高速公路桥上埋入了光纤 Bragg 光栅，并对其内部的应变变化状况进行了监测。香港理工大学的 Chan 等人利用布拉格光栅测量了被复合材料包裹的矩形截面混凝土梁的应变。

由于裸光纤光栅非常纤细，直径只有 $125\mu m$，其抗剪能力很差，在混凝土浇筑过程中难以存活，将之单独埋入到混凝土中非常困难，所以一般是将裸光栅粘贴在受力筋、结构表面或者采用特殊方式封装光纤光栅后埋入混凝土；在表面粘接测量时，裸光纤光栅安装工序比较繁琐，而且需要现场的光纤焊接工作，在粗放式的施工条件下，安装工作很难进行。

目前，国际上光纤光栅传感器主流的封装方式为表面粘贴式和细径管保护式。表面粘贴式将光纤光栅首先粘贴在胶基基片或者刻有凹槽的刚性基板上，做成传感器并保护好接头后使用。有时也将光纤光栅直接粘贴在待测结构表面，但由于粘贴工艺复杂，成功率低而较难在实际工程中大范围应用。细径管保护式通过将裸光纤光栅放入直径较小的钢管中，中间灌满环氧树脂等加以保护。由于具体的实际封装工艺和措施一般是各公司的保密技术，文献中鲜有介绍。英国的 Smart Fibers 公司将 FBG 粘在胶基板上；而瑞士的

Smartec 通过管式封装以补偿温度的影响；Whelan 等将 FBG 封装在钢管中，两端固定在大理石板上，监测意大利 Como 湖畔的大教堂。国内，周智博士等开发了不锈钢毛细管式封装的光栅光纤传感器，李东升等将光纤光栅封装在有机玻璃板上，对同样是有机玻璃材料的单立柱导管架海洋平台模型进行了试验测试。

应变直接影响光纤光栅的波长漂移，在工作环境较好或是待测结构要求精小传感器的情况下，人们将裸光纤光栅作为应变传感器直接粘贴在待测结构的表面或者是埋设在结构的内部。由于光纤光栅比较脆弱，在恶劣工作环境中非常容易破坏，因而需要对其进行封装后才能使用。

4.2.1　基片式封装

基片式封装包括金属基片封装和树脂基片封装。如图 4-1 所示，封装结构主要由金属薄片（或树脂薄片）、胶粘剂、护套、尾纤、传输光缆组成。该封装结构的基本思想是将光纤光栅封装在刻有小槽的基片上，通过基片将被测结构的应变传到光栅上。小槽的主要目的是增大光纤光栅与基片的接触面积，使其形成有机的整体，同时起到保护光栅的目的。

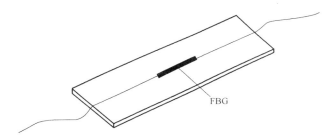

图 4-1　基片式封装的光纤光栅应变传感器示意图

这种传感器结构简单，易于安装，但容易产生应变传递损耗，使得测量精度有所降低。另外，光纤的保护也是这类型传感器需要注意的问题。

1. 树脂基片封装

图 4-2 是 MOI 公司推出的一种采用树脂薄片封装的大冲干光栅应变传感器。该封装结构的基本思路是将光纤光栅封装于树脂薄片内部中。树脂薄片粘贴于被测物体表面。当被测物体发生形变时，应变传递到树脂薄片上，再传递于光纤光栅，使其波长发生变化。

图 4-2　树脂基片式封装的光纤光栅应变传感器外观图

2. 钢片封胶

赵雪峰等人提出了一种基于钢片封装的光纤光栅应变传感器。封装结构如图 4-3 所示。厚度为 2mm 的工字型钢片，中部钢片宽 5mm，长 100mm。两侧钢片宽 20mm，长 30mm。在中部钢片的两侧各焊接厚度 5mm，直径 20mm 的圆形钢片以增加封装结构与基体混凝土材料的锚固。在圆形钢片上预留 3mm×3mm 方孔以方便光纤的布设。他们将封

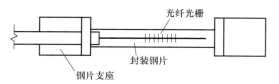

图 4-3　钢片封装的光纤光栅应变传感器示意图

装结构用固定在钢筋架上的金属丝固定在试验梁跨中混凝土截面中,这样就避免了振捣棒与之接触。实验证明,这种封装结构的传感器存活率高,应变变化与波长变化的线性度好,但测量点应变的传递损耗为 21%,这与封装结构所选的衬底、粘接层以及固定方法都有关系。

3. 钛合金片封装

于秀娟等人开发了一种基于钛合金基片封装的光纤光栅应变传感器。传感器的钛合金片封装工艺如图 4-4 所示。将 FBG 用双组分的 M-Bond 610 胶封装在刻有细槽的钛合金片内部,钛合金的编号为 TC4。封装时,保证 FBG 平直并位于细槽的地面中轴线上。用注射器向槽内注入 M-Bond 胶时,要适当加热以增加胶的流动性,保证槽内充满密实,并减小形成气泡的可能性,还要保证胶不溢出槽外。为了保护两端的光纤,分别在两端加上保护套,而保护套可以固定在钛合金片两端预先加工的开孔内。

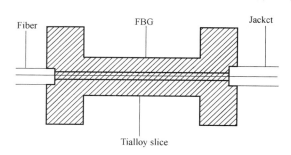

图 4-4　Ti 合金片封装 FBG 示意图

为了研究钛合金片封装后的 FBG 传感器的应变传感特性,把封装好的 2 个 FBG 传感器(λ_B 分别为 1550.4nm 和 1550.6nm) 和裸 FBG(λ_B 为 1546.5nm) 用 502 胶粘贴于经过抛光处理的等强度梁上,同时在相应的位置布设高精度的电阻应变片,通过砝码加载,得到的波长应变曲线如图 4-5 所示。从图可以看出,2 个钛合金片封装 FBG 传感器应变传感的线性很好,经过线性拟合和得到波长和应变的相关系数分别为 0.99987、0.99990。与裸 FBG 的波长应变相关系数 1.00000 相比,说明钛合金片封装 FBG 具有良好的应变传感性能。

为了研究钛合金片封装 FBG 的温度传感特性,把封装好的 FBG 放温控箱中,温控箱的温度分辨率为 0.1℃。从室温开始加热,加温间隔为 5℃,一直加热到 70℃。为了减小由温度不平衡带来的误差,均在恒温后 1h 记录数据,实验结果如图 4-6 所示。测得的钛

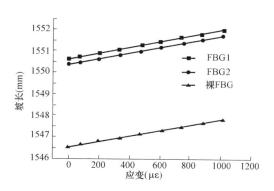

图 4-5　钛合金几篇封装光纤光栅传感器波长-应变曲线

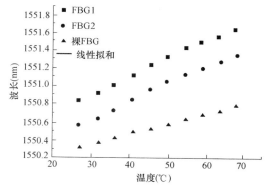

图 4-6　光纤光栅传感器温度曲线

合金片封装 FBG 的温度灵敏度系数为 19.7pm/℃。

这种钛合金片封装 FBG 传感器结构简单，而且很容易安装到被测物的表面，通过复用可以监测大范围空间内的应变情况，在航空航天结构、飞机、海洋平台和大型建筑结构的健康监测中有着很好的应用前景。

4.2.2　嵌入式封装

1. 高分子材料

Moyoa 等人开发了一种碳纤维材料为基体的光纤光栅应变传感器，其结构如图 4-7 所示。传感器长度为 50mm，厚度为 5mm。光纤光栅嵌入在碳纤维材料中。由于存在应变传递损耗，改变了光纤光栅的应变灵敏度，因此需要对该应变传感器进行标定实验。将光纤光栅传感器和电阻应变片相互紧贴，然后安装在钢筋上，使用万能试验机对钢筋进行拉伸实验，同时记录光纤光栅和电阻应变片的响应。该传感器的应变标定结果如图 4-8 所示。这两种传感器的相关系数为 0.99，光纤光栅应变传感器的应变灵敏度系数为 1.06pm/$\mu\varepsilon$。

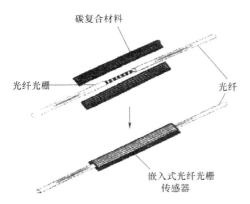

图 4-7　嵌入式光纤光栅应变传感器　　　　图 4-8　嵌入式光纤光栅应变传感器标定结果

2. FRP-OFBG 智能复合筋

FRP（Fiber Reinforced Polymer）是连续纤维（玻璃纤维、碳纤维等）浸入聚合物热固性树脂（如聚酯树脂、乙烯基脂或热塑性树脂等）基体中，并在基体中掺入适量外加剂，如引发剂、促进剂、填料、颜料等，经过挤拉工艺，在表面缠绕纤维束形成肋或粘砂增强与混凝土粘结的结构材料。FRP 筋具有耐腐蚀、强度高、非磁性、重量轻、高疲劳限值、加工方便、低导热性等优点，在土木工程中得到了广泛的应用。

加拿大的 Kalamkarov 等人提出将光纤传感器在加工过程中埋入 FRP 筋内部，并对这种含有光纤传感器的 FRP 筋进行了传感特性、疲劳特性、抗腐蚀特性等的研究。结果表明，FRP 筋中埋入光纤传感器能够满足结构健康监测的需要，是一种理想的传感手段。在我国，欧进萍等人将 FRP 筋和光纤光栅传感器相融合，在 FRP 筋的加工过程中将光纤光栅埋入其内部，研制出了 FRP-OFBG（Fiber Reinforced Polymer-Optical Fiber Bragg Grating）智能传感筋。分为 CFRP-OFBG（Carbon Fiber Reinforced Polymer-Optical Fiber Bragg Grating）和 GFRP-OFBG（Glass Fiber Reinforced Polymer-Optical Fiber Bragg Grating）两种。

（1）AFRP-OFBG 智能复合筋的制作

在 FRP 筋的生产过程中将写入分布式光栅的光纤放入合束盘正中孔，随纤维束一起与树脂固化，就得到 FRP-OFBG 智能复合筋，其制备生产工艺如图 4-9 所示。为增强 FRP 筋与混凝土的粘结性能，在 FRP-OFBG 传感筋表面进行了螺旋缠绕纤维或黏砂处理。

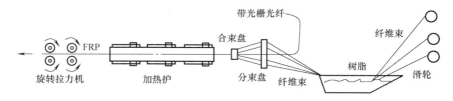

图 4-9   FRP-OFBG 智能复合筋制备生产工艺

FRP-OFBG 中的光栅能否正确地反映 FRP 的变形，主要取决于光纤光栅与 FRP 的界面结合程度。为此，分别对 FRP-OFBG 传感筋进行了截面取样，将其进行 SEM 扫描，如图 4-10 和图 4-11 所示。从 SEM 扫描照片可以看出，FRP-OFBG 的 FBG 与 FRP 结合得很好，因此 FBG 可以与 FRP 协同工作，也就是说 FBG 能够很好地感应 FRP 的变形。

图 4-10   裸光纤光栅与 GFRP 界面 SEM 照片   图 4-11   裸光纤光栅与 CFRP 界面 SEM 照片

由于 FBG 和裸光纤的外径非常小，按 FRP 筋为 $\phi 6$ 计算，面积比为 0.02%，因此 FBG 的存在基本不影响 FRP 原有的力学特性。为了验证，将同样尺寸规格的 FRP-OFBG 传感筋和 FRP 普通筋在 MTS 试验机上进行张拉试验，对比结果如图 4-12 和图 4-13 所

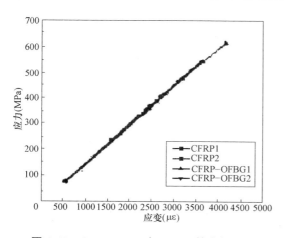
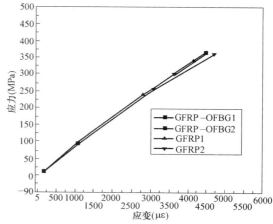

图 4-12   CFRP-OFBG 与 GFRP 筋张拉对比   图 4-13   CFRP-OFBG 与 GFRP 筋张拉对比

示。从图中可以看出，FRP-OFBG 几乎没有改变 FRP 筋的力学特性。

（2）FRP-OFBG 应变传感特性试验

FRP-OFBG 的应变传感特性试验在材料试验机上完成，应变测试采用高精度电子引伸计。将 FRP-OFBG 复合筋在试验机上进行拉伸，记录引伸计的应变值和光纤光栅的波长值，得到的结果如图 4-14 和图 4-15 所示。从图中可以看出，CFRP-OFBG 和 GFRP-OFBG 的应变传感灵敏度分别为 1.21pm/pE 与 1.19pm/pE，基本没有改变光纤光栅的应变传感特性，即应变传感灵敏度保持在 1.2pm/pE 左右。由于采用的光纤光栅和制作工艺的差异性，工程应用时，需对 FRP-OFBG 智能复合筋进行标定。为了验证传感特性的重复性，对 FRP-OFBG 进行反复加载试验，试验结果如图 4-16 和图 4-17 所示。从图中可以看出，FRP-OFBG 筋具有很好的重复性，这是因为 FRP 筋工作在弹性范围。

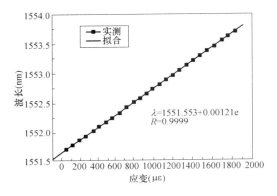

图 4-14　CFRP-OFBG 应变传感特性

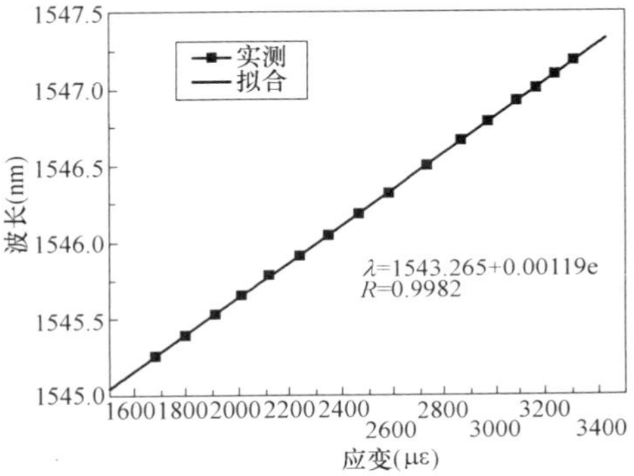

图 4-15　GFRP-OFBG 应变传感特性

（3）FRP-OFBG 温度传感特性试验

将 FRP-OFBG 置于低温检定无水乙醇槽中进行试验，温度范围为 $-50 \sim 80℃$，温度场精度为 0.01℃。记录温度的温度值和光纤光栅的波长值，得到的结果如图 4-18 所示，其中，GFRP-OFBG 的温度传感系数为 17.24pm/℃，约为裸光纤光栅的（10pm/℃）1.7 倍；CFRP-OFBG 的温度传感灵敏度系数为 8.68pm/℃，约为裸光纤光栅温度传感灵敏度系数的 0.9 倍。

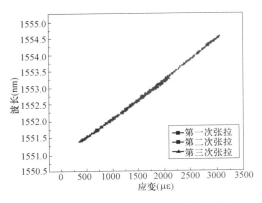
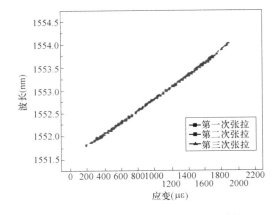

图 4-16　CFRP-OFBG 筋应变传感特性

图 4-17　GFRP-OFBG 筋应变传感特性

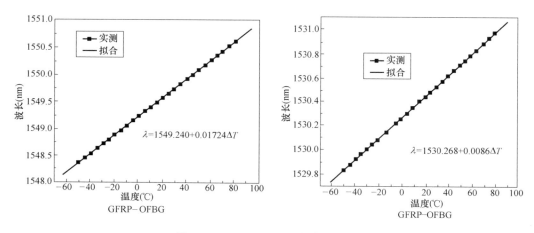

图 4-18　FRP-OFBG 温度传感特性

4.2.3　金属管式封装

管式封装应变传感器主要由封装管、光纤光栅、传输光缆、尾纤、胶粘剂组成。有的传感器设计者考虑到传感器埋入结构中使用的便利性，还在钢管两端设置限位金属环。有人设计了一种带金属环的半金属套管用以封装光纤光栅，这里的定位环起固定光纤光栅的作用。当用丙酮溶解特种胶分离光纤光栅时，会将光纤光栅与半金属套管粘贴处的特种胶溶解，由于光纤光栅本身有一定的弹性和强度，光纤光栅会弹起并移动位置，而定位环使半金属套管取下后，光纤光栅与半金属套管仍然固定在一起，因而再次粘贴光纤光栅过程中，当移动光纤光栅时只需移动与光纤光栅固定在一起的半金属套管即可。图 4-19 给出了用于封装光纤光栅的半金属套管。

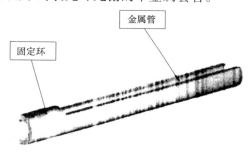

图 4-19　用于封装光纤光栅的金属套管

管式封装工艺应注意以下问题：

（1）光纤光栅毛细管封装的核心工作是封装工艺，封装时必须保证光纤光栅准确平直在毛细管的正中间，若光栅不在毛细管的正中间，就会导致传感器本身与待测结构之间存在一个夹角，从而不能准确的传递应变。

（2）传感器外部的管式材料必须具有耐腐蚀、疲劳性好、弹性范围、与基体材料粘接性能好等特点。考虑到不锈钢与土木工程中常用的混凝土钢材等材料有很好的粘接性，其温度膨胀系数也基本一致，而且具有较好的抗腐蚀性能，推荐采用不锈钢材料。

（3）胶粘剂的选择必须考虑结构应变传递和长期监测需要，因此，像图 4-19 用于封装光纤光栅的金属套管粘剂必须适用于光纤和不锈钢的粘接性能，需要具有较高的抗剪强度和耐久性，能够满足封装过程的顺利进行，而且需要具有一定的耐高温的性能。

（4）采用注胶法封装光纤光栅时，应避免胶粘剂内产生微气泡，否则当胶粘剂固化时，会使光纤光栅产生不均匀变形，从而产生反射波长多峰值现象。

1. 传感器结构

任亮、李宏男等人开发了一种毛细钢管封装的光纤光栅应变传感器，既可以粘贴于被测物体表面，也可以埋入结构内部测量其应变变化情况。

光纤光栅管式封装应变传感器的基本结构形式如图 4-20 所示。这种传感器的结构主要由毛细钢管、光纤光栅、传输光纤、光纤套管以及胶粘剂组成。

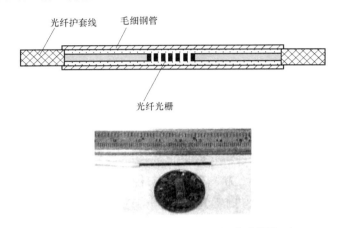

图 4-20 金属管式封装的光纤光栅传感器外形

光纤光栅管式封装的核心工作是封装工艺，因为该工艺必须保证光纤光栅封装后准确平直地在钢管的中心位置。若光纤光栅不对直，就会与待测方向存在一个夹角而不能准确传递真实的应变。此外，封装工艺还必须具有可重复性，保证封装传感器传感特性的一致性。在这里采用了光纤精密调整架作为封装平台，可以高精度地调整光纤光栅位里，极大地提高了光纤光栅在封装过程中的准直度；采用高压注胶法将环氧树脂胶均匀的灌入，且完全充满毛细管。待胶高温固化后，传感器即制作完成。

这种管式封装光纤光栅应变传感器封装工艺不仅可以充分保证光纤光栅准确对中的处于毛细钢管的正中央，而且可以保证胶黏剂完全充满毛细钢管。这种封装工艺简单易行，重复性好，可以使同批生产的光纤光栅应变传感器基本上具有相同的传感特性，只需部分标定就可以用于实际应变测量工作，该封装工艺具有加工方便、成品率高、成本低廉等优点。可以满足工业化大批量生产需要。

2. 管式光纤光栅应变传感器性能试验

（1）粘贴于金属钢板上的应变传感试验

采用的毛细钢管外径为 1.2mm，内径为 0.8mm，长度为 40mm。粘贴胶接剂采用普通环氧树脂胶。

传感器使用环氧树脂胶粘贴于经过抛光处理的弹簧钢板上，在相应位置布置裸光纤光栅，然后将钢板在万能试验机上进行拉伸，钢板从 $0\mu\varepsilon$ 逐点拉伸至 $500\mu\varepsilon$，然后逐点卸载至 $0\mu\varepsilon$；有机玻璃板从 $0\mu\varepsilon$ 件逐点拉伸至 $500\mu\varepsilon$，随即逐点卸载至 $0\mu\varepsilon$。试验过程如图 4-21 所示。在线弹性范围内，管式封装光纤光栅传感器与裸光纤光栅可以视为相同的应变值。试验结果如图 4-22 所示。

从管式封装光纤光栅传感器的波长-应变关系曲线可以看出，管式封装光纤光栅传感器具有良好的线性关系，相关系数均达到了 0.999 以上。与裸光纤光栅对比，灵敏度存在一定的差异。

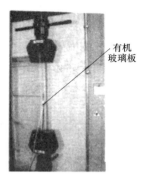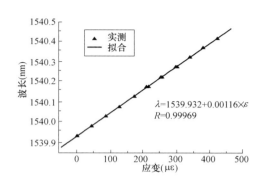

图 4-21　在万能试验机上进行的传感器标定实验　　图 4-22　管式封装光纤光栅传感器应变特性

（2）粘贴于有机玻璃板上的应变传感试验

为了研究不同基体材料对光纤光栅传感器应变传递率的影响，将一只管式光纤光栅应变传感器粘贴于有机玻璃板上对其应变特性进行研究。所采用的毛细钢管外径为 1.2mm，内径为 0.8mm，长度为 40mm。粘贴胶接剂采用普通环氧树脂胶。将封装好的管式光纤光栅应变传感器使用环氧树脂胶粘贴于有机玻璃板上，在相应位置布置裸光纤光栅，然后将钢板在万能试验机上进行拉伸，钢板从 $0\mu\varepsilon$ 逐点拉伸至 $500\mu\varepsilon$，然后逐点卸载至 $0\mu\varepsilon$；有机玻璃板从 $0\mu\varepsilon$ 逐点拉伸至 $500\mu\varepsilon$，随即逐点卸载至 $0\mu\varepsilon$。在线弹性范围内，管式封装光纤光栅传感器与裸光纤光栅可以视为相同的应变值。试验结果如图 4-23 所示。

在有机玻璃板的应变标定实验中，管式光纤光栅和裸光纤光栅的应变灵敏系数均有着显著的降低。这说明对于不同的基体材料，光纤光栅传感器具有不同的应变灵敏系数 a_z。相对于裸光纤光栅，管式光纤光栅传感器的应变灵敏系数降低的更为明显。这是由于管式光纤光栅的芯径比较大，在传感器的位置形成了一个加强区域，使得应变传递滞后，降低了传感器的应变灵敏系数。

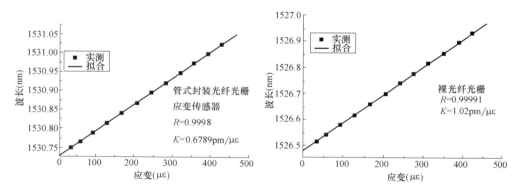

图 4-23　管式封装光纤光栅传感器应变特性

（3）埋入混凝土内部的应变传感试验

混凝土试验梁为素混凝土梁，材料设计抗压强度为 40MPa，经标准搅拌制成。钢管封装的传感器以及应变片的布置如图 4-24 所示。试验梁等弯段（跨中 200mm）内各截面弯矩相等，将应变片贴于梁的底面。传感器布置在混凝土截面时，必须采取一定措施，将其位置固定。确保在混凝土浇筑时传感器不会移位，采用先将混凝土振捣至 90mm 位置，然后将管式封装的光纤光栅应变传感器按指定的几何位置固定在混凝土上，再将混凝土浇捣振实，直到达到要求的标准。该方法可以保证传感器正确布置在测点几何位置以及传感器的纵向平直。振捣时，避免振捣工具与传感器的接触，减少对传感器的冲击。

标定结果如图 4-25 所示，可以看出，封装后的光纤光栅应变传感线性度很好，相关系数达到 0.9998 以上，说明管式光纤光栅传感器在混凝土内部工作良好，证明该封装工艺完全可以满足混凝土内部应变监测的需要。与被测基体材料为钢材相比，管式光纤光栅传感器的应变灵敏度有所降低，在混凝土内部应变灵敏度为 $1.18\text{pm}/\mu\varepsilon$，在钢材表面为 $1.2\text{pm}/\mu\varepsilon$。

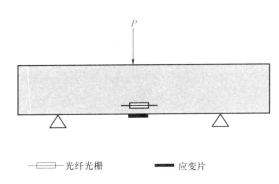

图 4-24　混凝土梁应变标定传感器布置图

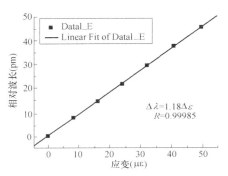

图 4-25　管式封装光纤光栅传感器应变特性

4.2.4　夹持式封装光纤光栅应变传感器

夹持式封装技术的主要思想是在钢管封装的光纤光栅传感器的两端安装夹持构件，待测结构的应变通过夹持构件传递给光纤光栅。两种夹持封装的光纤应变传感器如图 4-26 所示。该方式封装的传感器可根据实际需要改变标距长度。

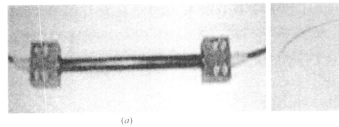

(a)　　　　　　　　　　　　　　　　　(b)

图 4-26　夹持式光纤光栅应变传感器

用于粘贴光纤光栅传感器和基体材料的胶粘剂，其工作寿命很难与光纤光栅相比，在一些恶劣的工作环境中，如海洋环境中，海水的侵蚀很容易使胶粘剂失效。焊接是一种材料连接技术，它通过物理化学过程使分离的材料产生原子或分子间的作用力而连接在一起，与胶粘接技术相比，焊接技术具有结合力强、耐久性好等特点。

采用夹持方式封装的传感器可直接粘贴或焊接在结构表面，也可采用预埋件焊接于构件上，或用铆钉铆到结构上。此种传感器具有布设简单、可拆换、耐久性好、布线方便等优点，可作为桥梁、建筑、水工等土木工程结构施工、竣工试验和运营监测的表面传感器。

光纤光栅夹持封装工艺应注意以下几点：

（1）选择适宜的基体材料并加工成夹持构件，关键技术在于纤细的光纤和夹持构件的协调以及光纤夹持的多级放大。

（2）夹持构件在传感器应变传递机制中会造成应变延迟的问题。对此问题需要进行详细的实验标定和理论计算。

（3）传感器的密封以及保护。由于夹持式光纤光栅应变传感器应用于测量结构表面的应变变化，需要长期暴露在空气中，所以传感器的密封和保护值得注意。

还有一种新型的光纤光栅传感器封装方式，就是综合利用细径管保护式和夹持式封装的思路，采用细径管封装光纤光栅两端，避免使用胶粘剂接触光纤光栅区域，消除了多峰值现象。这种传感器将同时兼有细径管保护式和夹持式的优点，既可以埋入结构中也可以通过辅助构件构成夹持式传感器。由于胶粘剂没有直接封装光纤光栅区域，消除了胶粘剂对传感器应变传递的影响。该传感器具有应变放大机制，测量精度超过了裸光纤光栅，而且通过调节封装工艺中的参数，可以改变传感器的应变灵敏度系数。

1. 传感器工作原理

两端夹持式光纤光栅应变传感器的原理如图 4-27 所示。它由光纤光栅、两个夹持部件以及两个固定支点组成。采用胶接的方法将光纤光栅固定于夹持部件内，夹持部件为钢管，直径为 d；设两端固定支点的距离为 L，两端夹持部件之间的距离为 L_f。

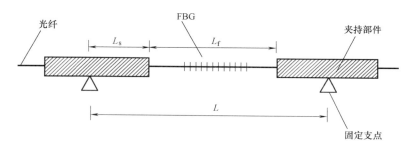

图 4-27　两端夹持式光纤光栅应变传感器的原理图

假设两固定支点间发生 ΔL 的轴向变形，相应夹持部件和光纤光栅的变形分别为 ΔL_s 和 ΔL_f，管内胶层和光纤的影响，由材料力学基本原理可得

$$\Delta L_s = \frac{P_s L_s}{E_s A_s} \tag{4-1}$$

$$\Delta L_f = \frac{P_f L_f}{E_f A_f} \tag{4-2}$$

其中，E_s 和 E_f 分别为钢和光纤的弹性模量；A_s 和 A_f 分别为钢管和光纤的截面积；P 为传感器结构的内力。结构内部内力处处相等，由此可得

$$\frac{\frac{\Delta L_s}{L_s}}{\frac{\Delta L_f}{L_f}} = \frac{E_f A_f}{E_s A_s} \tag{4-3}$$

即

$$\frac{\varepsilon_s}{\varepsilon_f} = \frac{E_f A_f}{E_s A_s} \tag{4-4}$$

传感器的各项参数如表 4-1 所示。将表中的参数带入式（4-4）中，可得

$$\frac{\varepsilon_s}{\varepsilon_f} = 0.0084 \tag{4-5}$$

光纤和中间层的机械性质 表 4-1

材料参数	符号	数值范围	单位
光纤的弹性模量	E_f	7.2×10^{10}	Pa
夹持部件（钢管）的弹性模量	E_s	210×10^9	Pa
夹持部件（钢管）的直径	d_s	0.8	mm
光纤的直径	d_f	0.125	mm

可以得出，在整个传感器的结构中，夹持部件的应变可以忽略。固定支点之间的变形量几乎全部加载在了光纤上。对于中心波长处于 1550nm 波段的光纤光栅，传感器中心波长变化与外界应变的关系为

$$\varepsilon = \frac{L_f}{L}\varepsilon_f = \frac{L_f \Delta\lambda_{FBG}}{1.2L} \tag{4-6}$$

由式可以看出，通过调整 L_f 与 L 的比值，可以改变传感器的应变测量灵敏度。

2. 传感器外形图

短标距光纤光栅应变传感器如图 4-28，长标距光纤光栅应变传感器如图 4-29 所示。两端夹持式光纤光栅应变传感器参数如表 4-2 所示。

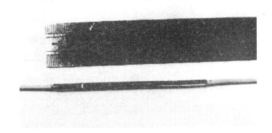

图 4-28 短标距光纤光栅应变传感器   图 4-29 长标距光纤光栅应变传感器

两端夹持式光纤光栅应变传感器参数 表 4-2

传感器	短标距光纤光栅应变传感器	长标距光纤光栅应变传感器
量程	$\pm 1500\mu\varepsilon$	$\pm 1000\mu\varepsilon$
分辨率	$0.5\mu\varepsilon$	$0.25\mu\varepsilon$
光栅中心波长	$1510 \sim 1590$nm	$1510 \sim 1590$nm
光栅反射率	$\geqslant 80\%$	$\geqslant 80\%$
工作温度范围	$-30 \sim +80$℃	$-30 \sim +80$℃
规格尺寸	直径 1.5mm，标距 25mm，有效测量距离 15mm	直径 4mm，标距 100mm，有效测量距离 65mm

续表

传感器	短标距光纤光栅应变传感器	长标距光纤光栅应变传感器
安装方式	表面粘接（502 胶、AB 胶或环氧树脂）或埋入被测材料中	与支座连接后表面粘接或直接焊接；埋入被测材料中
传感器级连方式	熔接或连接器连接	熔接或连接器连接
应用范围	模型试验等小尺度测量	大型工程结构

3. 传感器标定试验及结果

（1）短标距光纤光栅应变传感器标定实验及结果

所采用的短标距光纤光栅应变传感器有效测量距离为 15mm，光栅长度为 9mm，由式（4-6）可得理论应变传递率为 $0.5\mu\varepsilon/\mathrm{pm}$。为了考察基体材料对传感器应变传递率的影响，采用了钢和有机玻璃这两种弹性模量差异较大的材料作为基体材料。利用粘接剂将短标距光纤光栅应变传感器粘贴于钢板及有机玻璃板上，并在相应位置布设高精度电阻应变片，然后将钢板和有机玻璃板在万能试验机上进行连续拉伸。在线弹性范围内，光纤光栅传感器与电阻应变片可以视为相同的应变值。利用自行开发的光纤光栅和应变仪同步采集系统对光纤光栅传感器和电阻应变片进行同时采集。短标距光纤光栅传感器在钢板及有机玻璃的应变标定实验结果如图 4-30 所示。

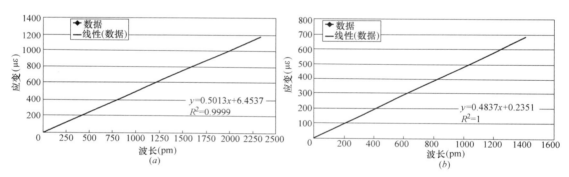

图 4-30　短标距光纤光栅传感器在钢板及有机玻璃的应变标定实验
（a）钢板上的标定结果；（b）光纤光栅传感器在有机玻璃板上的标定实验

从钢板及有机玻璃板的标定实验所得的光纤光栅传感器的波长变化-应变关系曲线可以看出，短标距光纤光栅应变传感器具有良好的线性关系，相关系数均达到了 0.999 以上。钢板和有机玻璃板的标定系数分别为 $0.501\mu\varepsilon/\mathrm{pm}$ 和 $0.484\mu\varepsilon/\mathrm{pm}$，与理论计算结果 $0.5\mu\varepsilon/\mathrm{pm}$ 非常接近。这表明这种两端加持式短标距光纤光栅应变传感器应变传递损耗很小，传感器对被测结构的影响很小。

（2）长标距光纤光栅应变传感器标定实验及结果

所采用的长标距光纤光栅应变传感器有效测量距离为 60mm，光栅长度为 18mm，由式（4-6）可得理论应变传递率为 $0.25\mu\varepsilon/\mathrm{pm}$。利用粘接剂将长标距光纤光栅应变传感器粘贴于钢板上，并在相应位置布设高精度电阻应变片，然后将钢板在万能试验机上进行连续拉伸。在线弹性范围内，光纤光栅传感器与电阻应变片可以视为相同的应变值。利用自行开发的光纤光栅和应变仪同步采集系统对光纤光栅传感器和电阻应变片进行同时采集。长标距光纤光栅传感器在钢板上的应变标定实验结果如图 4-31 所示。

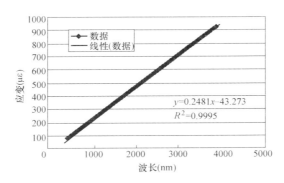

图 4-31　长标距光纤光栅传感器在钢板上的应变标定实验

从钢板的标定实验所得的光纤光栅传感器的波长变化-应变关系曲线可以看出，长标距光纤光栅应变传感器具有良好的线性关系，相关系数均达到了 0.999 以上。传感器的应变灵敏度系数为 $0.248\mu\varepsilon/\text{pm}$，与理论计算结果 $0.25\mu\varepsilon/\text{pm}$ 非常接近。

4.2.5　光纤光栅金属化封装

金属材料具有可焊、耐久、性能相对稳定等特性，是理想的光纤光栅封装方案。但是，金属材料一般具有熔点高、硬度大、与非金属石英光纤表面浸润性不好等性能，不能直接将金属材料用于融焊封装光纤光栅。随着近代技术的发展，目前已经出现非金属表面金属化的多种工艺方法，如真空蒸镀法、溅射法、离子镀法、离子束沉积法、电子束沉积法、准分子激光蒸镀法等物理的非金属表面金属化方法，以及诸如化学还原法、化学气相沉积法（CVD）、高温分解法（热喷涂法）、溶胶-凝胶法、电浮法、电化学沉积法、化学沉积法等化学的非金属表面金属化方法。

就光纤表面金属化问题而言，国外一些学者较早注意到这个问题，美国的 Robert 等人于 1989 年对用于密封处理的表面金属化光纤的力学性能的可靠性进行了研究，研究结果表明其性能可靠；1998 年，美国的 Robert 等人开发出石英光纤表面金属化封装的化学镀技术，并进行了专利保护。国内对这方面的研究较国外晚，电子科技大学的迟兰洲、张声峰最早从事这方面的研究，初步提出了光纤表面金属化预处理的基本工艺流程及其机理，南京航空航天大学的杨春等人研究了在光纤端面镀镍膜和银膜，并对镀后的镍膜和银膜进行了稳定的热处理，提高了镀膜与基体的结合强度，福州大学的旷戈研究了银活化、钯活化、银钯混合活化对光纤表面镀层质量的影响，李小甫等从通信光纤的保护角度对光纤表面的金属化工艺，如表面镀镍合金进行了有效的研究，并形成了较好的工艺方法。光纤表面金属化工艺改变了光纤保护、粘结必须依靠胶粘剂的被动局面。

针对工程化应用光纤光栅封装传感器的要求，光纤光栅的金属化封装工艺必须满足：低温（小于 300℃）；生成的膜可导电，以满足后续的电镀加厚工艺要求；附着力高、疲劳性能好；镀层本身延展性好等要求。由于光纤光栅采用的光纤经过载氢和紫外光写入照射，其强度有所下降，因此其金属化工艺要求严格。根据目前已有的光纤金属化工艺技术，已经实现了光纤光栅表面的金属化处理。

1. 光纤光栅的预处理

光纤是非导体，为了获得理想的镀层，需要对光纤进行预处理，这一步非常重要，因为它的好坏决定着后面镀层的好坏。预处理包括去保护层、粗化、除油、粗化、敏化和活化。

（1）去保护层（Removing coating）：由于光纤外面包裹有一层硅烷树脂或环氧树脂等类的保护层。为了以后的埋入效果，必须去除这层保护层。可以使用丙酮浸泡光纤 25 min 左右，除去这层保护层。

（2）除油（Removing grease）：在粗化之前，必须清除裸光纤表面上的油污。经过除油的光纤表面能很快被水浸润，为化学粗化做好准备，这对提高镀层的结合力与维护粗化液的纯洁性是有很大好处的。实验可以用超声波酒精清洗，最后用超声波蒸馏水洗。

（3）粗化（Coarsening）：未经粗化的光纤表面很光滑、平整，镀层很难上去，粗化目的是增大光纤的表面微观粗糙度和接触面积，以及亲水能力，以此来提高光纤与镀层的结合力和湿润性。粗化有机械粗化和化学粗化等方法，一般来说。化学粗化有两种作用：第一是侵蚀作用。强酸、强氧化性的粗化溶液对光纤表面产生化学侵蚀，使光纤表面形成凹槽和微观粗糙度及多孔性结构。第二是氧化作用。强酸、强氧化性的粗化液，还能使光纤表面的部分分子链断裂，促使光纤更加的亲水性。可使用的粗化液配方为：氢氟酸：氟硅酸：水＝1：1：3。粗化时间不宜长，否则会破坏光纤，一般 10min 左右。粗化后用超声波蒸馏水清洗。

（4）敏化（Sensitization）：经粗化后的光纤，表面达到了亲水，敏化就是在经过粗化后的光纤表面上，吸附一层容易还原的物质，以便在下面活化处理时通过还原反应，使塑料表面附着一层金属薄层，它能胜任化学镀的载荷电流。氯化亚锡（$SnCl_2$）是最普遍使用的一种敏化剂。配方和工艺条件如下：氯化亚锡 10g/L，盐酸 40mL，锡条一根，温度 2～350℃，时间 10min，光纤经过敏化处理，表面吸附的敏化液在清洗时发生水解反应，反应式为

$$SnCl_2 + H_2O \longrightarrow Sn(OH)Cl + HCl$$

同时，
$$SnCl_2 + H_2O \longrightarrow Sn(OH)_2 + 2HCl$$

$$Sn(OH)Cl + Sn(OH)_2 \longrightarrow Sn(OH)_3Cl$$

这种产物沉积在光纤表面，形成一层几十埃到几千埃凝胶状物质。敏化后用蒸馏水清洗。

（5）活化（Activation）：活化处理就是在光纤表面镀一层很薄而具有催化性的金属层。经过敏化后的零件，表面吸附了还原剂，需要在含有氧化剂的溶液中进行反应，使贵金属离子（如钯）还原成金属，在光纤表面形成"催化中心"，以便在化学沉积中加速反应。所以活化处理过程的实质是"播晶种"之意。常用氯化钯进行活化。

2. 光纤光栅化学镀镍

化学镀镍（Electroless Ni-plating）技术是在不加外电流的情况下，溶液中的镍离子在具有催化活性的固体表面上被还原剂还原，生成的镍金属原子沉积在固体表面上，形成连续金属镀层的化学工艺技术。化学镀镍技术在材料表面改性领域具有极大的应用前景，是当今发展速度最快的表面处理工艺技术之一。

目前使用最多的镍盐是硫酸镍（$NiSO_4 \cdot 7H_2O$），还原剂通常用次亚磷酸钠（$NaH_2PO_2 \cdot 2H_2O$）。镀液中除了镍盐和还原剂外，通常还有络合剂、缓冲剂等。络合剂用于控制槽液中用于还原反应的游离镍，防止生成氢氧化镍沉淀。缓冲剂用于防止沉积过程中由于析氢所引起的槽液 pH 急剧变化。光纤化学镀后的光学显微镜照片如图 4-32 所

示，光纤化学镀后的 SEM 照片如图 4-33 所示。

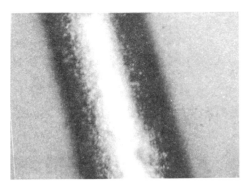

图 4-32　光纤化学镀后的光学显微镜照片

图 4-33　光纤化学镀后的 SEM 照片

3. 光纤光栅金属化后处理

化学镀镍层厚度比较薄，仅为几个微米。因此有必要对镀镍层进行增厚。另外，镍在空气中容易氧化而失去光泽，通常在镍层上镀上一层金以防止氧化。张文禹等人研究了光纤表面的电镀镍增厚技术，对电镀基本成分及工艺条件对镀层的影响、光亮剂对镀层光亮的影响、电流密度对镀层质量的影响、温度对镀层质量的影响进行了细致的实验分析。

从图 4-34 可以看出，在光纤化学镀层表面已经得到了一层均匀致密的电镀层，对此电镀层进行 6 个周期的热振试验，镀层表面状况在光学显微镜下观察没有发现起泡、脱皮现象，说明电镀层与化学镀层之间结合牢固，将此工艺应用于光纤光栅，能够成功得到具有一定厚度的电镀层，能够通过焊接测试，并已经应用于光纤光栅传感器的封装。

4. 镀层性能检测

结合力：抗震实验方法，将镀镍光纤放在 120℃ 的烘箱中热处理，镀层无开裂、无起皮或剥落现象。

电学性能：用万用电表检测，其导电性能良好。

5. 金属化光纤光栅的性能

张文禹等人还测试了电镀镍后和化学镀镍的光纤光栅封装后传感器在温度恒定情况下的光纤光栅波长与温度值，并与胶封装后的光纤光栅传感器进行比较，温度范围是 5～40℃，每隔 5℃ 测量一次，试验结果如图 4-35 所示。裸光纤光栅的温度灵敏度为 10.4pm/℃，而化

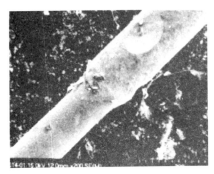

图 4-34　化学镀与电镀交界处 SEM 照片

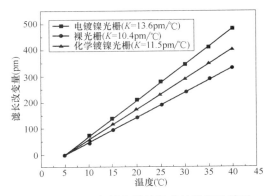

图 4-35　不同光纤光栅的温度特性实验结果

学镀镍后的光纤光栅温度灵敏度增加到 11.5pm/℃，电镀镍后的光纤光栅温度灵敏度增加到 13.6pm/℃。这是由于金属的热膨胀系数高于光纤的结果。

4.3　光纤光栅温度传感器

温度是国际单位制给出的基本物理量之一，它是工农业生产和科学实验中需要经常测量和控制的主要参数，也是与人们日常生活紧密相关的一个重要物理量。

目前，比较常用的电类温度传感器主要是热电偶温度传感器和热敏电阻温度传感器。热电偶主要用来测量温度差，为了得到正确的温度值，必须用一种基准温度对接点进行修正，输出的信号比较小，因此在常温附近，如不注意测量方式，则其测量精度较低。热敏电阻温度传感器的响应速度快，电阻随温度的变化能力强，但长期稳定性差。而且，传统的电类温度传感器易受电磁辐射干扰、精度低、长期稳定性差以及信号传输距离短，无法满足在如强电磁辐射等恶劣工作环境中的工作需要。

光纤温度传感器与传统的传感器相比具有很多优点，如灵敏度高，体积小，耐腐蚀，抗电磁辐射，光路可弯曲，便于实现遥测等。但在实际应用中，基于强度调制的光纤温度由于易受光源功率变化及线路损耗等影响，其长期测量稳定性差。基于光纤光栅技术的光纤温度传感器，采用波长编码技术，消除了光源功率波动及系统损耗的影响，适用于长期监测；而且多个光纤光栅组成的温度传感系统，采用一根光缆，可实现准分布式测量。

光纤光栅的温度传感特性是由光纤光栅的热光效应和热膨胀效应引起的，热光效应引起光纤光栅的有效折射率的变化，而热膨胀效应引起光栅的栅格周期变化。当其所处的温度场变化时，温度与光纤光栅 Bragg 波长变化的关系为

$$\frac{\Delta\lambda_B}{\lambda_B} = (\xi + \alpha)\Delta T \tag{4-7}$$

式中，α 为光纤的热膨胀系数，主要引起栅格的周期的变化，通常，取 $\alpha = 5.5 \times 10^{-7} \mathrm{K}^{-1}$；$\xi$ 为光纤的热光系数，主要引起光纤的折射率的变化，一般取 $\xi = 7.00 \times 10^{-6} \mathrm{K}^{-1}$；$\Delta T$ 为温度变化量。如果光纤光栅的 Bragg 波长 $\lambda_B = 1550 \mathrm{nm}$，由式（4-7）可计算出光纤光栅的温度灵敏度为 0.0117nm/℃，一般取 0.01nm/℃。

温度是直接影响光纤光栅波长变化的因素，人们常常直接将裸光纤光栅作为温度传感器直接应用。同光纤光栅应变传感器一样，光纤光栅温度传感器也需要进行封装，封装技术的主要作用是保护和增敏，人们希望光纤光栅能够具有较强的机械强度和较长的寿命，与此同时，还希望能在光纤传感中通过适当的封装技术提高光纤光栅对温度的响应灵敏度。目前常用的封装方式有基片式、金属管式和聚合物封装方式等。

4.3.1　基片式光纤光栅温度传感器

基片式的光纤光栅温度传感器应用较少，采用基片封装的方案是将裸光纤光栅的两端分别固定在基底材料的表面，当温度变化时通过基底材料的热膨胀来增大光纤光栅的纵向应变，从而增大光纤光栅的温度灵敏度。在实用中通常选择金属铝作为增敏材料。

詹亚歌等人于 2005 年提出来的铝槽封装结构的光纤光栅温度传感器。光纤光栅的铝槽封装工艺如图 4-36 所示，即将光纤光栅用环氧树脂封装在一个刻有一细槽的铝条（其

横截面为长方形）内，槽与铝条中轴线平行，铝条为铸造铝合金。封装时，尽量保证光纤光栅平直并位于槽的底面轴线上。注入环氧树脂时，要适当加热，以增加其流动性，保证槽内充满密实，并减小形成气泡的可能性，确保树脂不溢出槽外，以便于加盖保护铝片。在铝板上有四个螺孔，左边的两个螺孔用来把铝条固定到被测物体上，而右边的两个螺孔兼有把铝条固定到被测物体和把保护铝盖片固定到铝条上的双重作用，盖片和铝条的长度分别为 5cm 和 4cm，铝槽宽和深分别为 115mm 和 112mm。封装后光纤光栅很容易被固定到被测物体上，并且铝盖片不影响被测物体把应变和温度传递到光栅。

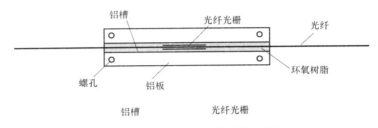

图 4-36　光纤光栅铝槽封装示意图

封装后光纤光栅的温度响应特性，结果如图 4-37 所示。图中两组实验结果直线拟合的斜率之比为 3：59：1，即铝槽封装提高了光栅的温度灵敏系数，其温度灵敏性扩大了约 3.16 倍，其值为 39.8。

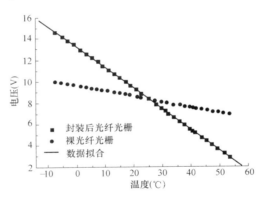

图 4-37　裸光栅和铝槽封装光栅的温度特性对比

4.3.2　聚合物封装光纤光栅温度传感器

选用热膨胀系数较大的聚酰纤维（polyamide fiber）聚合物材料，当外界温度改变时，聚合物膨胀而带动光栅产生应变，相应的光纤布拉格光栅产生温度和应变的双重调制，提高温度测量响应灵敏度，根据计算温度响应灵敏度可达 0.25nm/℃，是裸光纤光栅的 25 倍。

关柏欧等人分别采用两种较大热膨胀系数的聚合物材料（聚合物 1 号和聚合物 2 号）通过特殊工艺对光栅进行了封装处理。为了便于比较，同时测量了裸光纤光栅的温度响应特性，其温度-反射波长移动曲线如图 4-38 所示。裸光纤光栅的温度灵敏度仅为 0.001 nm/℃，当温度从 24℃升至 88℃时，裸光纤光栅的中心反射波长仅移动了 0.68nm，而聚

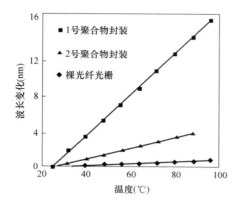

图 4-38　两种聚合物材料封装的光纤光栅和裸光纤光栅的温度影响曲线

合物 1 号包覆的光纤光栅的中心反射波长移动了 14.5nm，聚合物 2 号包覆光栅的中心反射波长移动了 3.9nm。两种聚合物包覆的光纤光栅的温度灵敏度分别为 0.23nm/℃ 和 0.06nm/℃，分别是裸光纤光栅的 23 倍和 6 倍。聚合物 1 号和聚合物 2 号包覆的光纤光栅温度响应曲线的线性度分别为 $R_1 = 0.9985$ 和 $R_2 = 0.9995$，均具有很好的线性。

实验证明，利用具有较大热膨胀系数的聚合物材料对光纤光栅进行封装处理，可以有效提高光纤光栅的温度灵敏度。通过封装，还可以对光纤光栅起到很好的保护作用。

4.3.3　金属管式光纤光栅温度传感器

1. 传感器结构

金属管式光纤光栅温度传感器分为增敏型封装与无增敏型封装结构两种，其结构形式分别如图 4-39 和图 4-40 所示。

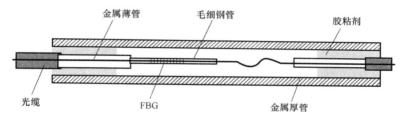

图 4-39　增敏性封装光纤光栅温度传感器

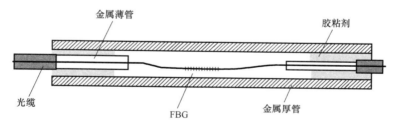

图 4-40　无增敏性封装光纤光栅温度传感器

光纤光栅增敏型温度传感器的封装机构主要由金属厚管、金属薄管、毛细钢管、胶粘剂、光纤光栅以及传输光缆组成。考虑到传热效率，可以在厚管中充入水银。金属厚管的主要作用是保护光纤光栅免受到外界应力的冲击，同时也保持光纤光栅与结构处于相同的温度场。毛细钢管的主要作用是封装裸光纤光栅，增敏光纤光栅温度灵敏性。金属薄管的作用主要是为了悬空毛细钢管，使光纤光栅免受外界应变影响。胶粘剂的主要作用是将金属厚管、金属薄管以及光纤固结在一起，使其成为一个整体。从结构上看，该封装形式不仅提高了光纤光栅的温度灵敏度，能够自由地感应结构对象的温度变化，而且充分消除掉了外界应力的影响。

　　光纤光栅无增敏型温度传感器的封装机构主要由金属厚管、金属薄管、胶粘剂、光纤光栅以及传输光缆组成。考虑到传热效率，可以在厚管中充入水银。金属厚管的主要作用是保护光纤光栅，免受到外界应力的冲击，同时也保持光纤光栅与结构处于相同的温度场。金属薄管的作用主要是为了悬空光纤光栅，使光纤光栅免受外界应变影响。胶粘剂的主要作用是将金属厚管、金属薄管以及光纤固结在一起，使其成为一个整体。从结构上看，该封装形式不仅保持了裸光纤光栅的温度灵敏度，能够自由地感应结构对象的温度变化，而且充分消除掉了外界应力的影响。

　　光纤光栅温度传感器封装主要考虑的问题是充分消除外界应力对光纤光栅的影响，同时保证光纤光栅能够处于被测对象的同一温度场。对于增敏与无增敏两种封装结构而言，金属厚管必须具有高强度和良好的热传导能力，此外要具有良好的抗腐蚀能力，不锈钢是比较理想的材料，如图 4-41 所示。胶粘剂也必须满足高强度和耐久性的需要。

图 4-41　无增敏性光纤光栅温度传感器

2. 传感器性能实验

　　由以上论述知道，所设计的两种光纤光栅封装温度传感器的传感特性分别由裸光纤光栅和管式光纤光栅应变传感器封装结构决定。其中无增敏型光纤光栅温度传感器的传感特性与裸光纤光栅是一致的；而增敏型光纤光栅温度传感器的传感特性与管式光纤光栅应变传感器是一致的。

　　使用水浴法对两种光纤光栅温度传感器进行了标定。非增敏型光纤光栅温度传感器的温度传感特性试验结果如图 4-42 所示。

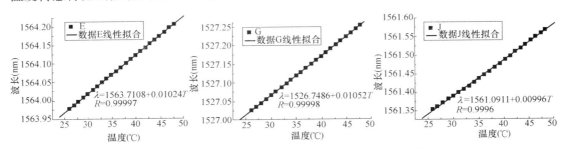

图 4-42　非增敏性光纤光栅温度传感器的温度传感特性

　　为了考察该温度传感器封装技术的一致性，同时标定了 3 个非增敏性光纤光栅温度传感器。由图可以看出，3 个光纤光栅温度传感器的温度灵敏系数分别为 0.01024nm/℃、0.01052nm/℃ 和 0.00996nm/℃，与裸光纤光栅温度灵敏度系数理论值 0.0105nm/℃ 符合的非常好。3 个光纤光栅温度传感器灵敏度系数误差非常小，说明该封装技术具有良好的一致性。

　　增敏型光纤光栅温度传感器的传感特性试验结果如图 4-43 所示。

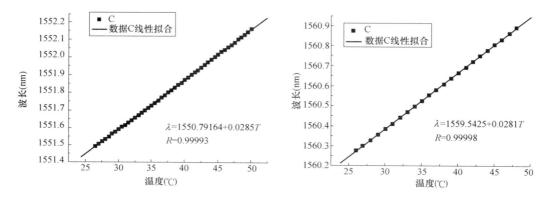

图 4-43　增敏性光纤光栅温度传感器的温度传感特性

　　为了考察该温度传感器封装技术的一致性，同时标定了 2 个增敏型光纤光栅温度传感器。由图 4-43 中可以看出，2 个光纤光栅温度传感器的温度灵敏度系数分别为 0.0285nm/℃ 和 0.0281nm/℃，与裸光纤光栅温度灵敏度系数理论值 0.0105nm/℃ 相比，增敏型光纤光栅温度传感器灵敏度系数提高了 2.7 倍。这两个光纤光栅温度传感器灵敏度系数误差非常小，说明该封装技术具有良好的一致性。

4.4　光纤光栅位移传感器

　　在土木工程中，常用的位移传感器是应变式的位移传感器。它与二次仪表如应变仪、数字电压表配套使用，即可进行工程试验中的静态位移测量。由于其核心传感元件采用电类应变计，不可避免地带来了易受电磁辐射干扰、长期稳定性差的缺点，无法满足在强电磁辐射等恶劣工作环境中的工作需要。

　　光纤光栅是一种性能优良的应变传感元件。它具有灵敏度高，体积小，耐腐蚀，抗电磁辐射，光路可弯曲，便于实现远距离测量等优点；由于其采用波长编码技术，消除了光源功率波动及系统损耗的影响，适用于长期监测；而且多个光纤光栅组成的传感系统，采用一根光缆，可实现准分布式测量。

4.4.1　拉杆式位移传感器

　　光纤光栅位移传感器实物如图 4-44 所示，该传感器的原理如图 4-45 所示。金属管内的 FBG 的弹性系数为 K_1，前部金属杆与一弹性系数为 K_2 的弹簧相连，则位移传感器的弹性系数 K 为

$$K = \frac{K_1 K_2}{K_1 + K_2} \tag{4-8}$$

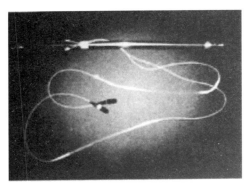

图 4-44 光纤光栅位移传感器

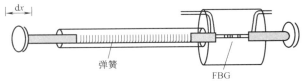

图 4-45 光纤光栅位移传感器原理图

当位移传感器受力为 F，则伸长量 dx 为

$$dx = \frac{K_1 + K_2}{K_1 K_2} F \tag{4-9}$$

通过检测波长变化，即可求得位移，传感器的波长变化与位移呈线性关系，此种位移传感器的本质还是通过将位移量转变成应变变化。这种光纤光栅位移传感器的标定结果如图 4-46 所示。

拉杆式光纤光栅位移传感器的实物如图 4-47 所示，该传感器标定结果如图 4-48 所示。这种传感器可以进行双向位移测量，既可以测量拉伸位移也可以测量压缩位移。位移测量精度为 25mm/nm，测量范围为 0～80mm。

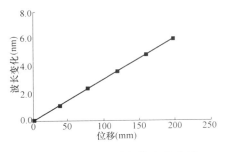

图 4-46 位移和波长的变化曲线

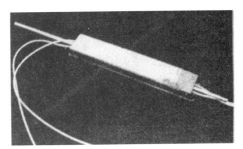

图 4-47 拉杆式光纤光栅位移传感器

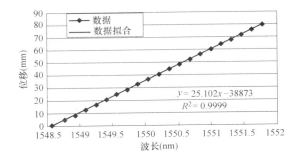

图 4-48 拉杆式光纤光栅位移传感器标定结果

4.4.2　微位移传感器

任亮等人开发了一种接触式光纤光栅形状记忆合金管微位移传感器，克服了传统电类位移传感器易受电磁干扰、长期稳定性差的缺点，能够满足强电磁辐射等恶劣环境中的位移测量；利用形状记忆合金的弹性范围大的特点，大幅度提高了位移传感器的量程。

传感器如图 4-49 所示。弯管两端铜基片的相对位移变化会使形状记忆合金管发生形变，从而改变了光纤光栅的反射波长，通过测量光纤光栅反射波长的变化可以得出形状记忆合金弯管两端的相对位移变化。

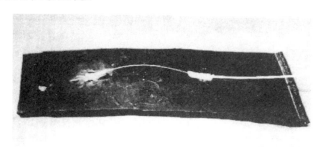

图 4-49　置于橡胶垫上的光纤光栅位移传感器照片

该位移传感器的标定结果如图 4-50 所示。从图中可以看出，位移与波长的关系是非线性的，为一个二次多项式关系，相关系数超过了 0.999。该传感器的测量精度达到了 0.001mm。

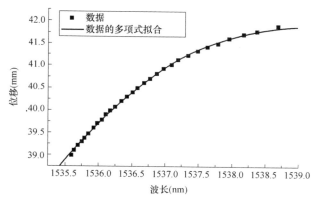

图 4-50　光纤光栅位移传感器标定结果

4.5　光纤光栅压力传感器

4.5.1　边压力传感器

Sheng 等人提出了一种基于光纤光栅技术的边压力传感器。该传感器的结构如图 4-51 所示。

光纤光栅封装于两侧开孔的金属圆柱内，金属圆柱内部灌注硅橡胶聚合物；光纤光栅的尾部连接在一个圆盘的中心上；圆盘固定在聚合物表面；光纤光栅的另一端与金属圆柱粘接在一起。聚合物的弹性模量比光纤光栅低大约 4 个数量级。外界压力通过压缩金属圆柱两侧开孔的聚合物体，使其产生轴向应力，从而使光纤光栅产生轴向应变。该应变可以表示为

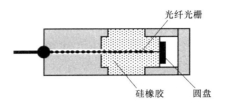

$$\varepsilon = \frac{\upsilon P A}{a E_{\text{FBG}} + \dfrac{L_{\text{FBG}}}{L_{\text{P}}}(A-a)E_{\text{polymer}}} \qquad (4\text{-}10)$$

式中，A 为圆盘的体积；a 为光纤光栅的横截面积；υ 为聚合物的泊松比；L_{FBG} 为光纤光栅的长度；L_{P} 为聚合物的轴向长度；E_{FBG} 和 E_{polymer} 分别代表光纤光栅和聚合物的弹性模量；P 为外界压力。

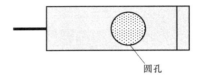

图 4-51　光纤光栅边压力传感器原理图

$$\Delta\lambda = (1-P_{\text{e}}) \frac{\upsilon P A}{a E_{\text{FBG}} + \dfrac{L_{\text{PBG}}}{L_{\text{P}}}(A-a)E_{\text{polymer}}} = k_{\text{P}} P \lambda \qquad (4\text{-}11)$$

式中，k_{P} 为光纤光栅压力传感器的压力系数。这些系数的值如表 4-3 所示。

系数值			表 4-3
圆盘的面积 A	$5^2 \times \pi\,\text{mm}^2$	光纤光栅弹性模量 E_{FBG}	$7 \times 10^{10}\,\text{N/m}^{-2}$
光纤光栅的横截面积 a	$0.0625^2 \times \pi\,\text{mm}^2$	聚合物弹性模量 E_{polymer}	$1.8 \times 10^6\,\text{N/m}^{-2}$
聚合物的泊松比 υ	0.4	光纤光栅中心波长	1539.6nm
光纤光栅与聚合物长度比 $L_{\text{FBG}}/L_{\text{P}}$	2		

将表 4-3 所示的系数值代入式（4-11）中，得到传感器的压力系数理论值为 33.1014nmMPa^{-1}。传感器中光纤光栅的中心波长变化与外界压力的关系如图 4-52 所示。外界压力从 0 到 0.2MPa。实验结果表明，光纤光栅的中心波长变化与外界压力变化呈良好的线性关系，实验得到的传感器压力系数为 33.876nmMPa^{-1}，测量结果与理论结果符合很好。

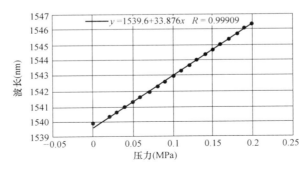

图 4-52　光纤光栅波长随应力的变化曲线

4.5.2　弹簧悬臂梁光纤光栅压力传感

邵军等人设计了基于弹簧管悬臂梁的光纤光栅压力传感器。利用一个厚度相等、截面呈矩形的等腰三角状悬臂等强度梁，它既能保证对布拉格反射中心波长进行线性调谐，又可避免调谐过程中出现啁啾现象。悬臂梁的自由端和 C 形弹簧管的自由端刚性连接，利用 C 形弹簧管的力学放大作用调节自由端的挠度便可对粘贴其上的 FBG 进行线性无啁啾调制。传感器的结构图如图 4-53 所示。

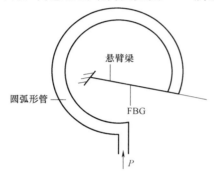

图 4-53　FBG 弹簧管压力传感器结构图

弹簧管通常是一种弯成圆弧形的空心钢管，截面的短轴位于弯曲平面内。管子一端焊入接头，具有压力的流体由接头通人管子内腔。在压力 P 的作用下，弹簧管的曲率将发生改变，同时密封的自由端产生位移 W。由理论分析可知，W 与 P 的关系为

$$W = k_2 P \tag{4-12}$$

式中，k_2 与弹簧管的各项参数有关，当弹簧管选定后，k_2 为常数。

悬臂梁的一端刚性固定在从弹簧管固定端引出的支架上，另一端则与弹簧管自由端刚性连接，如图 4-53 所示，悬臂梁的法线方向与弹簧管自由端移动方向的切角为 6°。悬臂梁的弹性模量远小于弹簧管，悬臂管对弹簧管自由端位移的影响可以忽略不计，即悬臂梁自由端的位移等于弹簧管自由端的位移。当弹簧管自由端发生位移时，将对悬臂梁自由端施加集中载荷，从而带动悬臂梁自由端一起移动，梁的下表面应变 ε 与弹簧管自由端的位移 W 的关系为

$$\varepsilon = \frac{W h_2}{L^2} \tag{4-13}$$

式中，h_2 为悬臂梁的厚度；L 为悬臂梁的长度。

综上分析，基于弹簧管悬臂梁的 FBG 反射波长的变化量为

$$\frac{\Delta\lambda}{\lambda_B} = kP \tag{4-14}$$

式中，$k = \eta k_1 k_2 k_3$，$k_1 = 1 - p_e$，$k_3 = h_2 / L_2$，η 为与 FBG 粘贴性能有关的常数。

实验得到的压力 P 与 $\Delta\lambda_B / \lambda_B$ 间关系如图 4-54 所示。压强灵敏度系数的实验值为 $2.767 \times 10^{-4}/\text{MPa}$，是裸 FBG 压强灵敏度系数的 142 倍，增敏效果非常明显。实验数据的线性度为 0.9995。

由式（4-14）可见，压力灵敏度与 k_1、k_2 和 k_3 有关，其中 k_1 与光纤的材料以及 λ_B 有关，当 FBG 选定后，k_1 的值即定；k_2 与弹簧管的几何参数有关，增大弹簧管的曲率半径、减薄管壁和减小椭圆截面的短轴等都可以使 k_2 增大；由式（4-14）可见，加厚悬臂梁、缩短其长度可使 k_3 增

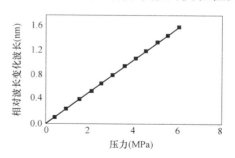

图 4-54　中心波长相对偏移量与压力的关系曲线

大。因此，在使用时，可以根据所要求的灵敏度，适当选择各参数。

4.5.3 正弦力放大原理光纤光栅压力传感器

王俊杰、姜德生等人采用正弦机构力放大原理，设计了一种基于平面薄板、高灵敏度、结构上易于多路复用的新型光纤光栅压力传感器。

传感器的结构示意如图 4-55 所示。圆柱形壳体为整个传感器的支撑体，在其两侧加工两个定位孔，两定位孔有同一水平轴线，它与圆柱形壳体的中心轴线垂直正交于同一平面内。平面薄板用来承载外载荷，力传递杆用激光垂直焊接在薄板的中心。安装时，首先在传感光纤两端固定安装光纤用的不锈钢管，再将中空定位螺栓插入定位孔中，然后把带不锈钢管的传感光纤从定位螺栓中间孔穿过，这样，通过光纤两端的不锈钢管和圆柱体两侧的定位孔以及中空定位螺栓就将传感光纤固定在中空圆柱体的中央，当然，此时固定光纤用的不锈钢管与中空定位螺栓之间的螺丝应处于松弛状态。带力传递杆的薄板通过螺纹压紧（要保证边缘固定）的方法固定在圆柱形壳体的顶部，在压紧之前，力传递杆端部带弧度的 V 形槽应作用在传感光纤的中央，最后，通过微调架从两端同时拉紧传感光纤，随后，用螺钉将固定传感光纤用的不锈钢管紧紧锁在中空定位螺栓中。这样，力传递杆和传感光纤就构成一正弦的力放大机构，薄板受外载荷作用产生的集中力通过该正弦机构将从轴向拉伸传感光纤光栅，这就是该压力传感器结构的工作原理。

传感器受力变形示意如图 4-56 所示。光纤的弹性模量为 E_p，截面积为 A_f，薄板的密度为 ρ_p，泊松比为 μ_p，半径为 R，厚度为 h，薄板的弯曲刚度为

$$D = \frac{E_p h^3}{12(1-\mu_p^2)} \tag{4-15}$$

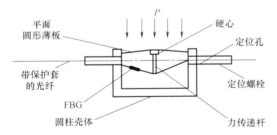

图 4-55 基于正弦机构力放大原理的
光纤光栅压力传感器示意图

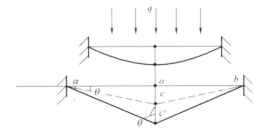

图 4-56 传感器结构弹性形变示意图

正弦机构的特征参数为 $\sin\theta = oc/ac$，在传感器受微小载荷作用时，近似保持不变。加载荷 q 后，传感光纤由位置 abc 到 $ac'b$ 产生的应变为 ε，则得到传感器的静态灵敏

$$\frac{\varepsilon}{q} = \frac{1}{\dfrac{ac^2}{oc} \cdot \dfrac{64D}{R^4} + \dfrac{oc}{ac} \cdot \dfrac{8E_f A_f}{\pi R^2}} \tag{4-16}$$

可见，传感器的静态灵敏度不仅决定于薄板的结构尺寸和材料特性，而且还决定于正弦机构的尺寸，它们共同形成一个整体，决定传感器的灵敏度。

光纤光栅压力传感探头测试的实验装置如图 4-57 所示。宽带光源发出的光射到压力传感探头中，由传感 FBG 反射的光进入解调仪。微压压力是利用液体自身重力产生的；将长为 30cm 的透明玻璃管用环氧树脂垂直固化在一中空具有内螺纹的不锈钢圆环内，并

在传感头圆柱形支撑体外围加工相应的外螺纹，二者利用螺纹装配、密封，并垂直放置。在垂直玻璃管中缓慢加入水，这样，液位每升高 1cm，传感器所受的压力就增加 100Pa，30cm 长的玻璃管可产生的峰值压力为 3kPa。在 0～3kPa 的压力范围内，每增加 2cm 水柱记录一个点，即每施加 200Pa 压力记录一个点，测得所研制传感器的压力响应曲线如图 4-58 所示。可见，在微压条件下，传感头的压力响应曲线具有良好的线性度，由数据拟合可知压力的灵敏度系数为 0.04711pm/Pa，对于光纤光栅纵向应变灵敏度为 1.2pm/$\mu\varepsilon$，所以，传感探头的应变灵敏度为 0.03926$\mu\varepsilon$/Pa。这种增敏封装结构特别适合 FBG 进行多路复用，组成传感器阵列。通过改变传感器的结构参数可以设计出适合不同需要的光纤光栅压力传感器。

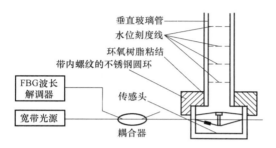

图 4-57　FBG 压力传感器标定实验装置原理图

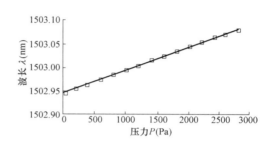

图 4-58　FBG 压力传感器的灵敏度特性曲线

4.5.4　高压力传感器

实时监测油气井下的压力和温度是海底石油开采中亟需解决的问题。对于油气井下的压力测量，传感器的测量精度应高于 10kPa，测量范围为 0～100MPa。油气井下的温度可达 230℃。随着开采深度的不断增加，油气井下的温度、压力不断升高，目前广泛使用的电子式压力、温度传感器在高温环境中的长期工作漂移问题、无法复用以及长期可靠性问题摆在人们面前。光纤光栅传感器具有长期稳定性好，能够多点复用，测量精度高的优点，可以取代传统电子类压力、温度传感器，应用于油气井下的压力温度测量。

Nellen 等人提出了一种应用于测量高压力的光纤光栅压力传感器。传感器的结构如图 4-59 所示。

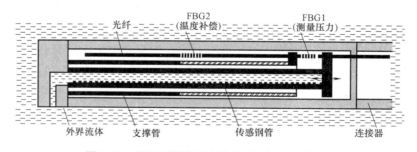

图 4-59　用于测量高压力的光纤光栅压力传感器

测量压力的光纤光栅由机械夹具固定在两个同心的钢管末端。内层传感钢管在压力作用下会伸长，外层支撑钢管不受压力影响。采用特殊的固定方式消除两个钢管之间的相对摩擦滑移。传感钢管在外界压力作用下的轴向应变为

$$\varepsilon_1 = \left(\frac{1}{E}\right)\left[\sigma_\xi - \mu(\sigma_\phi + \sigma_\rho)\right] \tag{4-17}$$

式中，σ_ξ、σ_ϕ、σ_p 分别为轴向、切向及径向应力；E 为钢管的弹性模量；μ 为钢管的泊松比。忽略钢管末端的变化，σ_ξ、σ_ϕ、σ_ρ 可以用钢管的内层及外层半径 R_1、R_2，以及外部压力 P 关系式来表示。由此，传感钢管在外界压力作用下的轴向应变可表示为

$$\varepsilon_t = \left(\frac{1}{E}\right)\left[\frac{pR_1^2}{R_2^2 - R_1^2}\right][1 - 2\mu] \tag{4-18}$$

传感钢管的内层及外层半径 R_1、R_2 分别为 2.8mm 和 4mm，钢管长度为 153mm。该钢管在最大外界压力为 100MPa 下仍能保持在弹性范围内。在 $P=100$MPa 下，由式 (4-18) 计算得到钢管轴向应变 $\xi_t = 0.205 \times 10^{-3}$，相对应光纤光栅中心波长的移动量为

$$\Delta\lambda = 1.2 \times \varepsilon_f = 1.2 \times \frac{L_t}{L_f}\varepsilon_t \tag{4-19}$$

式中，L_t 为钢管的长度，L_f 为光纤光栅的长度（15mm），由此得光纤光栅中心波长的改变量 $\Delta\lambda$ 为 2.512nm/100MPa。该压力传感器的灵敏度大约是裸光纤（0.31nm/100MPa）的 10 倍。

4.6 应变与温度同时测量

4.6.1 参考光纤光栅法

1. 参考光纤光栅温度传感器

这类方法采用了一个额外的、对应力不敏感的光纤光栅作为温度传感器来测量应力传感器周围环境的温度变化，然后，通过从总的波长变化中减去温度引入的波长变化，得到应变引起的波长变化，进而得到待测应变，实现温度与应变同时测量。如图 4-60 所示，在一个传感头中放置两个光纤光栅 FBG1 和 FBG2，其中 FBG1 为参考光栅，只对温度敏感，FBG2 既对温度敏感，同时也对应变敏感，两个 FBG 的相对布拉格波长差随着应变的增加而增大，但不随温度的波动而变化，因此既可实现对 FBG 的温度补偿，又可实现温度、应变的同时测量。

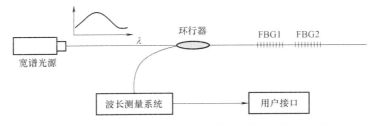

图 4-60 基于参考光纤光栅法的应变温度分离测量原理图

2. 参考光纤光栅应变传感器

在实际测量中，外界温度变化对光纤光栅应变传感器反射光中心波长的影响不仅表现为光纤光栅自身的热膨胀，而且引入了结构温度变化引起的热应变。在某些监测需求中，如结构荷载监控，结构温度变化引起的热应变也必须消除。

针对这种监测需求，可采用参考光纤光栅应变传感器的方法进行温度补偿。测量原理

图如图 4-61 所示。应变传感器 FBG1 布置在被测结构的主应力方向上，应变传感器 FBG2 作为温度补偿元件安装在垂直于主应力方向的位置，与 FBG1 成 90°。在 FBG2 方向上无外界荷载作用，因此，FBG2 测量的是被测结构温度变化引起的热应变。$\Delta\lambda_1$ 与 $\Delta\lambda_2$ 之差即可得到外界荷载对被测结构作用的应变变化值。

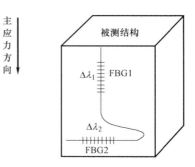

当考虑到泊松效应时，这种温度补偿方法在一定程度上可以提高应变测量灵敏度。如式（4-20）所示。

$$\varepsilon = \frac{\Delta\lambda_1 - \Delta\lambda_2}{K_{\varepsilon}(1-\gamma)} \qquad (4\text{-}20)$$

式中 K 为光纤光栅传感器应变灵敏度系数；γ 为被测材料的泊松比。

图 4-61　基于参考光纤光栅应变传感器法温度补偿原理图

参考光纤光栅法是最直接的温度补偿方法，结构简单、成本低。但是会降低传感系统的复用数量。

4.6.2　长周期光纤光栅与 FBG 组合法

长周期光纤光栅（Long period grating，LPG）的温度和应变响应系数与光纤光栅相比有很大的差异。实验测得常用的长周期光纤光栅的温度灵敏度系数远大于光纤光栅，而其应变灵敏度系数则略小于后者。Patrick 等人提出利用长周期光纤光栅和光纤光栅构成混合传感器系统，可以实现温度和应变的同时测量。

长周期光纤光栅和光纤光栅构成混合传感器系统的原理结构如图 4-62 所示。图中虚线表明长周期光纤光栅对光纤光栅反射光的影响效果。R_1 和 R_2 分别为两光纤光栅的反射光强度。由于长周期光纤光栅的应变和温度灵敏度系数与光纤光栅有很大差异，当传感器系统受到外界应变或温度变化影响时，R_1 与 R_2 的差值将会发生变化。定义 $F(R_1, R_2)$ 为两光纤光栅反射光强度之差的归一化值，则有：

$$F(R_1, R_2) = \frac{\sqrt{R_1} - \sqrt{R_2}}{\sqrt{R_1} + \sqrt{R_2}} \qquad (4\text{-}21)$$

式中对 R_1 和 R_2 开根号是由于入射光经过了长周期光纤光栅两次。

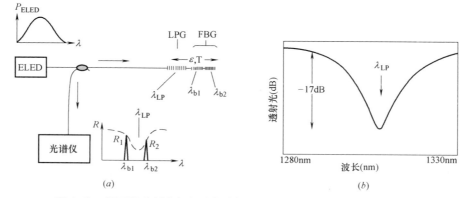

图 4-62　长周期光纤光栅与光纤光栅组合分离应变与温度方法原理图

其中：（a）为系统原理图；（b）为长周期光纤光栅的透射光谱应变及温度变化为线性关系。与光纤光栅的波长变化联立构成矩阵，就可以得到应变与温度的变化值。

这种方法的缺点在于：（1）长周期光纤光栅的物理长度远长于光纤光栅，因此存在空间分辨率问题；（2）长周期光纤光栅对光纤光栅弯曲非常敏感，所以需要对由弯曲和轴向应变引起的波长变化进行分离；（3）长周期光纤光栅的宽带比较大，会降低测量精度，同时也会限制整个系统中的传感器复用数量。

4.6.3 双波长光纤光栅法

Xu 等人提出了采用双波长光纤光栅法来解决光纤光栅传感器应变与温度交叉敏感问题。双波长光纤光栅是在一根光纤的同一位置重叠写入两种不同周期的光栅结构。在常温条件下，普通光纤光栅反射波长的变化量 $\Delta\lambda$ 与外界应变 $\Delta\varepsilon$ 和温度变化量 ΔT 的关系为线性，则有如下关系：

$$\Delta\lambda_B(\varepsilon,T)=K_\varepsilon\Delta\varepsilon+K_T\Delta T \tag{4-22}$$

其中，K_τ 为光纤光栅的应变灵敏度系数，与光纤的泊松比、光弹系数、光纤纤芯有效折射率相关；K_T 为光纤光栅的应变灵敏度系数，与光纤的热膨胀系数及热光系数相关。由于光弹系数和热光系数与光纤光栅的反射波长相关，所以两种不同反射波长的光纤光栅的应变及温度灵敏度系数不同。

对于双波长光纤光栅，所测量的温度与应变的变化值可由式（4-23）获得：

$$\begin{bmatrix}\Delta\lambda_{B1}\\\Delta\lambda_{B2}\end{bmatrix}=\begin{bmatrix}K_{\varepsilon1} & K_{T1}\\K_{\varepsilon2} & K_{T2}\end{bmatrix}\begin{pmatrix}\Delta\varepsilon\\\Delta T\end{pmatrix} \tag{4-23}$$

$K_{\tau1}$、K_{T1}、$K_{\tau2}$、K_{T2}这四个参数可以通过测量在只有应变作用和只有温度作用下的光纤光栅反射波长变化量来得到。通过矩阵公式，双波长光纤光栅可以同时测量应变及温度变化量。

Xu 等人所使用的双波长光纤光栅反射波长分别为 1298nm 和 848nm，光栅反射率为 70% 和 50%，带宽为 0.9nm 和 0.45nm（FWHM）。实验装置结构图如图 4-63 所示。由 850nm 及 1300nm 的 ELED 光源发出的光，通过光纤耦合器射入双波长光纤光栅内，使用光谱仪监测反射光波长。

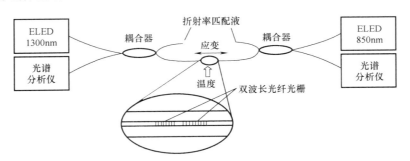

图 4-63　双波长光纤光栅同时测量应变与温度原理图

在纯应变作用下（0~600$\mu\varepsilon$）和纯温度作用下（10~60℃）双波长光纤光栅反射光波长的响应结果如图 4-64 所示。传感器的线性度超过了 0.998。所测得的参数为

$$K_{\varepsilon1}=0.96\pm6.5\times10^{-3}\,\text{pm}/\mu\varepsilon$$

$$K_{\varepsilon2}=0.59\pm3.4\times10^{-3}\,\text{pm}/\mu\varepsilon$$

$$K_{\varepsilon3}=8.72\pm7.75\times10^{-2}\,\text{pm}/℃$$

$$K_{\varepsilon 4}=6.30\pm3.7\times10^{-2}\,\mathrm{pm/℃}$$

这种方法的温度应变分离效果比较好，但需要使用两套光纤光栅解调设备，增加了系统成本。

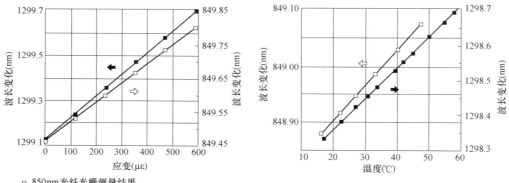

□　850nm光纤光栅测量结果

■　1300nm光纤光栅测量结果

——　线性拟合结果

图 4-64　纯应变作用下和纯温度作用下双波长光纤光栅反射光波长的响应

4.6.4　光纤光栅二阶谐波法

Xie 等人于 1993 年发现，在过度曝光情况下，紫外光照射所形成的光纤光栅的折射率扰动就不会是标准的正弦函数，会产生二阶谐波分量。二阶谐波通常强度比较弱，其波长约为一阶分量的一半，如图 4-65 所示。

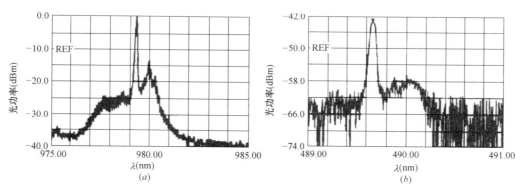

图 4-65　光纤光栅的一阶与二阶谐波分量

如果采用适当手段增强光纤光栅二阶谐波分量的强度，如利用铒镱共掺光纤，这样就构成了双波长光纤光栅。利用一阶和二阶谐波分量温度及应变灵敏度不同的特点，可以实现应变测量与温度测量的分离。

4.6.5　闪耀光纤光栅

Chehura 等人利用闪耀光纤光栅提出了一种单个光纤光栅应变与温度分离测量的方法。典型的光纤光栅在纤芯中具有折射率周期性变化的结构，只有满足周期的入射光才会被反射回去。因此，通常光纤光栅的反射谱是一个窄带的光谱，而透射谱则有一个尖锐的凹陷。对于闪耀光纤光栅，其折射率周期变化结构相对于光纤轴向具有一个倾斜角，可以提高透射的纤芯模和反射的包层模的耦合效果。闪耀光纤光栅同时存在纤芯-纤芯模耦合特性以及纤芯-包层模耦合特性。在斜光纤光栅的反射光谱中观测不到反射的纤芯-包层模，但在透射谱中可以明显地看到大量不同阶次的纤芯-包层模被反射。由于这两种模耦合特性的应变及温度灵敏度不同，因此可以使用一个闪耀光纤光栅实现对温度及应变的分离测量。

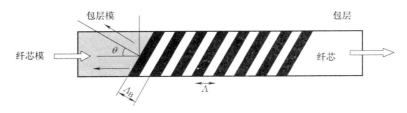

图 4-66 闪耀光纤光栅的结构示意图

闪耀光纤光栅的反射光谱由下式确定：

$$\lambda_i = (n_{\mathrm{eff}}^{\mathrm{co}} + n_i^{\mathrm{clad}}) \cdot \frac{\Lambda_{\mathrm{B}}}{\cos\theta} \tag{4-24}$$

其中，λ_i、$n_{\mathrm{eff}}^{\mathrm{co}}$、$n_i^{\mathrm{clad}}$、$\theta$ 以及 Λ_{B} 分别为第 i 阶包层模谐振光波长、纤芯的折射率、第 i 阶包层模有效折射率、光栅闪耀角和光栅周期。

闪耀光纤光栅的反射光谱和透射光谱如图 4-67 所示。从式（4-24）可以看出，光栅闪耀角在很大程度上影响着闪耀光纤光栅的透射光谱。如图 4-66 所示，闪耀光纤光栅的闪耀角为 1.50 时，纤芯-包层模中心波长与纤芯-纤芯模中心波长有很大的差异。闪耀光纤光栅所测量的温度与应变的变化值为

$$\begin{bmatrix} \Delta\lambda_{\mathrm{core}} \\ \Delta\lambda_{\mathrm{clad}} \end{bmatrix} = \begin{bmatrix} K_{\mathrm{core,\varepsilon}} & K_{\mathrm{core,T}} \\ K_{\mathrm{clad,\varepsilon}} & K_{\mathrm{clad,T}} \end{bmatrix} \begin{pmatrix} \varepsilon \\ T \end{pmatrix} \tag{4-25}$$

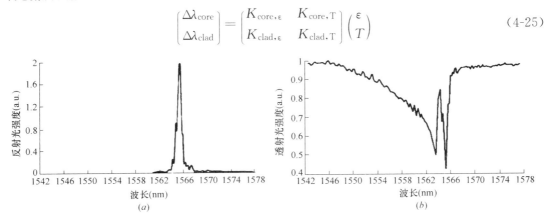

图 4-67 闪耀角为 1.50 时闪耀光纤光栅的反射光谱和透射光谱
（*a*）反射光谱；（*b*）透射光谱

纯应变和纯温度作用下纤芯-包层模与纤芯-纤芯模的反射光中心波长的变化响应如图 4-68 所示。从图中可以看出，纤芯-包层模与纤芯-纤芯模中心波长对外界应变的响应基本一致，而对温度的响应有很大差异，纤芯-纤芯模的温度灵敏度明显高于纤芯-包层模温度

灵敏度。应变及温度灵敏系数如下：

$$K_{\text{core},\varepsilon}=0.816\pm0.003\text{pm}/\mu\varepsilon$$
$$K_{\text{clad},\varepsilon}=0.830\pm0.03\text{pm}/\mu\varepsilon$$
$$K_{\text{core},T}=4.222\pm0.1\text{pm}/℃$$
$$K_{\text{clad},T}=6.021\pm0.07\text{pm}/℃$$

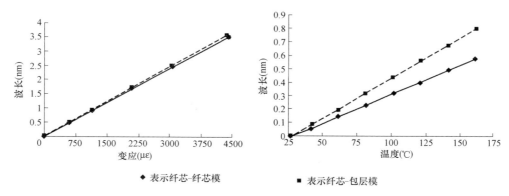

◆ 表示纤芯-纤芯模　　　　　■ 表示纤芯-包层模

图 4-68　纯应变和纯温度作用下纤芯-包层模与纤芯-纤芯模的反射光中心波长的响应

4.6.6　超结构光纤 Bragg 光栅法

　　该方法利用了超结构光纤 Bragg 光栅（Superstructure fiber Bragg grating，SFBG）传输光谱的特点：SFBG 可以看作是周期被调制了的 FBG，一方面它将前向传输的 LP01 模式耦合至后向传输的 LP01 模式，从而在传输光谱的一系列波长上产生了窄带的损耗峰；另一方面，它将前向传输的 LP01 模式耦合至包层模，因此，同时在传输光谱中产生了宽带的损耗峰。超结构光纤光栅透射光谱损耗峰的强度变化如图 4-69 所示。并且，通过优化 SFBG 的参数，可以将窄带损耗峰调整到某个宽带损耗峰线性下降的位置。宽带和窄带损耗峰的位置都对应力及温度敏感，但响应程度不同。故当外界应力或温度变化时，宽带与窄带损耗峰的相对波长位置会发生改变，并直接导致窄带。

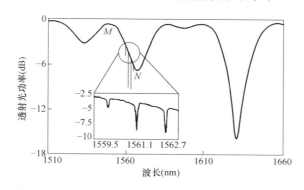

图 4-69　超结构光纤光栅的透射光谱损耗峰的强度变化

　　根据已有理论，窄带损耗峰值的强度是应力与温度变化的对数函数；而且，其峰值波长也随着应力及温度的不同发生变化。由此可以得到关于应力与温度变化的二元线性方

程组

$$\begin{cases} \Delta l = A\Delta\varepsilon + B\Delta T \\ \Delta\lambda = C\Delta\varepsilon + D\Delta T \end{cases} \tag{4-26}$$

式（4.26）中，Δl 为窄带损耗峰值强度的对数形式改变量；$\Delta\lambda$ 为其波长改变量；系数 A、B、C、D 可以由实验得到。

由文献的实验结果可知，当温度升高时，宽带损耗峰比窄带损耗峰向长波长方向移动的快。而当施加应力时，宽带峰向短波长方向移动，窄带损耗峰向长波长方向移动，故应力与温度各自的测量范围是相互牵制并以对方的测量范围为代价的。若使用具有更宽带损耗峰的 SFBG，则应力与温度的测量范围可以得到同时提高。实验在 $0\sim1200\times10^{-6}$ 和 $20\sim110℃$ 的测量范围内，精度分别达到了 20×10^{-6} 和 $1.2℃$。

这类方法的优点在于制作起来比较简单，并且，由于为传输型传感器，不需要使用 3dB 耦合器或环形器，可以降低成本。但是，因为宽带损耗峰的带宽限制，不易于在一根光纤上进行多个传感头的复用，较难形成大范围的分布式传感系统。

4.6.7 不同掺杂的光纤光栅

Cavaleiro 等人提出利用不同掺杂的光纤制成光纤光栅，利用材料的热光系数的不同，实现同一光纤光栅同时测量温度与应变。传感器的结构如图 4-70 所示。传感器具有两个焊接的相近反射波长的光纤光栅，两部分光纤具有同样的几何结构，但材料不同。其中一种为普通锗（Germanium）掺杂，另一种为硼（Boron）锗（Germanium）掺杂。

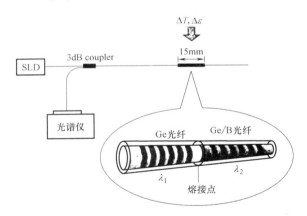

图 4-70 不同掺杂的光纤光栅结构示意图

对于这种结构的光纤光栅，反射波长的变化量 $\Delta\lambda_{Bi}$ 与外界应变 $\Delta\varepsilon$ 和温度变化量 ΔT 的关系为

$$\Delta\lambda_{Bi} = K_{Ti}\Delta T + K_{\varepsilon i}\Delta\lambda \tag{4-27}$$

其中，$i=1$，2 分别代表锗掺杂和硼锗掺杂的光纤光栅。温度灵敏度系数 K_{Ti} 主要依赖于光纤的热光系数；应变灵敏度系数与光纤的光弹系数相关，主要由光纤的机械特性决定。硼掺杂的光纤不仅减少了纤芯的折射率，而且降低了光纤的热光系数，但对光纤的机械特性并没有明显的改变，即 $K_{T1}\neq K_{T2}$，而 $K_{\varepsilon1}=K_{\varepsilon2}$。由式（4-27）可得分离温度与应变的公式：

77

$$\begin{bmatrix} \Delta T \\ \Delta \varepsilon \end{bmatrix} = \frac{1}{\Delta} \begin{bmatrix} K_{\varepsilon 2} & -K_{\varepsilon 1} \\ -K_{T2} & K_{T1} \end{bmatrix} \begin{bmatrix} \Delta \lambda_{B1} \\ \Delta \lambda_{B2} \end{bmatrix} \tag{4-28}$$

其中，$\Delta = K_{T1} K_{\varepsilon 2} - K_{\varepsilon 1} K_{T2}$。

在纯应变作用下（0~100$\mu \varepsilon$）和纯温度作用下（30~125℃）双波长光纤光栅反射光波长的响应如图 4-70 所示。所使用的光纤光栅传感器长度 $L < 15mm$，由两段光纤光栅焊接而成，反射波长分别为 $\lambda_{B1} = 1300nm$，$\lambda_{B2} = 1280nm$，由于两段光纤的几何尺寸及数值孔径相同，焊接后的插入损耗很小，低于 0.02dB。从图 4-71 可以看出，这两段光纤光栅的应变灵敏度系数相差很小，而温度灵敏度系数则明显不同。将测定的参数代入式（4-29）得：

$$\begin{bmatrix} \Delta T \\ \Delta \varepsilon \end{bmatrix} = 116.5 \begin{bmatrix} 9.49 & -9.69 \\ -73.7 & 84.3 \end{bmatrix} \begin{bmatrix} \Delta \lambda_{B1} \\ \Delta \lambda_{B2} \end{bmatrix} \tag{4-29}$$

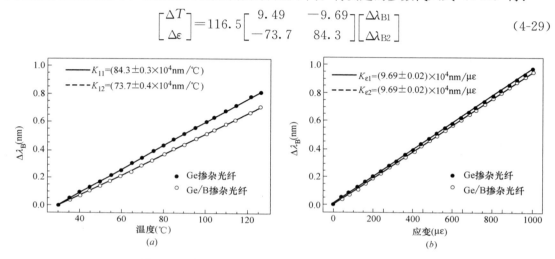

图 4-71　外界温度及应变独立作用时光纤光栅的响应

4.6.8　不同包层直径光纤光栅

James 等人于 1996 年发现，对于具有不同包层直径的两只光纤光栅来说，在相同的温度或应变的作用下，波长的移动量是不相同的。传感器的结构如图 4-72 所示。

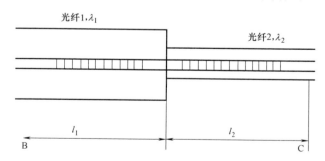

图 4-72　不同包层直径传感器的结构示意图

传感器由包层直径分别为 80μm、125μm 的两个光纤光栅焊接而成。对于相同外力作用下，两个不同包层直径的光纤光栅应变为：

$$\frac{\Delta \varepsilon_1}{\Delta \varepsilon_2} = \frac{A_2}{A_1} \tag{4-30}$$

式（4-30）中的 A_l 为光纤的包层截面积。由此，这种结构的光纤光栅与温度及应变关系为：

$$\begin{pmatrix} \Delta\lambda_1 \\ \Delta\lambda_2 \end{pmatrix} = \begin{pmatrix} \dfrac{K_{\epsilon 1}(l_1+l_2)}{l_1\left(1+\dfrac{A_1 l_2}{A_2 l_1}\right)} & K_{T1} \\ \dfrac{K_{\epsilon 2}(l_1+l_2)}{l_2\left(1+\dfrac{A_2 l_2}{A_1 l_2}\right)} & K_{T2} \end{pmatrix} \tag{4-31}$$

其中，l_1 和 l_2 为粘接点 B 和 C 至焊接点的距离，B 点与 C 点之间的总应变 $\Delta\epsilon$ 为：

$$\Delta\epsilon = \frac{\Delta l_1 + \Delta l_2}{l_1 + l_2} \tag{4-32}$$

光纤特性如表 4-4 所示。需要注意的是，具有不同包层直径的两只光纤光栅的低连接强度和高耦合损耗将在实际应用中成为较大的问题。

光纤特性　　　　　　　　　　　　　　　　　　　　　　　表 4-4

光纤类型	包层直径(μm)	K_ϵ(pm/$\mu\epsilon$)	K_τ(pm/℃)
Corning PMF-38	80 ± 5	$0.68\pm8\times10^{-3}$	6.99 ± 0.11
Spectran FS SMC-AO780B	120 ± 5	$0.64\pm6\times10^{-3}$	5.73 ± 0.07

4.7　光纤光栅传感器可靠性

光纤传感器在土木结构长期健康监测中有很多应用。利用光纤光栅和干涉型光纤传感技术开发了很多传感器，用于测量应力、变形、裂缝、温度及压力梯度。通过查阅大量的光纤传感器应用可靠性方面的文献发现，在土木结构中光纤的可靠性并没有被彻底解决。这并不难理解，因为这在土木工程中还是一项新技术，而且也没有长期监测的数据。因此，如果在结构健康监测中想通过光纤传感器提供结构维护及安全方面的信息，传感器可靠性将成为一个重要的问题。

像桥梁和大坝的下部结构非常庞大，并且几乎不可能用可视化的手段进行彻底的监测。这些土木结构的服务寿命都很长。桥梁一般的设计寿命是 50～100 年，有些桥梁经历了一百多年仍在使用。

可靠性是一个体系或者构件在一定时期内、特定的环境下达到要求功能的能力；稳定性是一种物质、设备或仪器的某种特性不随时间和外界因素影响而变化的特性。在某些方面，可靠性和稳定性是相互联系的，共同构成土木工程健康监测的基础。大体上来讲，光纤传感器可靠性主要涉及以下几个方面：

（1）光纤传感器在土木工程结构的服务期限内的存活率；

（2）测量的单一性问题，即用于测量应变的传感器是否只接收应变变化引起信号的变化，还是同时受其他因素，如温度等的影响；

（3）传感器在测量范围的制定方面是否合适；

（4）传感器在很长一段时间内使用是否仍能保证零位偏移以及回程。

4.7.1 光纤性质对传感器可靠性影响

在长标距干涉型光纤传感器中,光纤是传感元件,相当于数据载体。不论什么原因,如果光纤被破坏,那么整个健康监测系统将不能工作。因此,光纤的可靠性或者寿命就是影响光纤传感器的主要因素。

1. 光纤的强度分布

光纤是一种复合材料,主要由二氧化硅的纤芯和涂覆层组成,在外部包裹着一到两层的聚合材料,如图 4-73 所示。

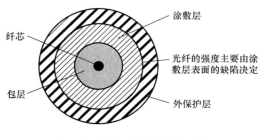

图 4-73 标准光纤的横断面图

市场上光纤的种类很多。现在,大部分光纤传感器都是用标准的通讯光纤制造。名义上,这种光纤的最大应变能力为 7%,相当于一个 6GPa 的应力。实际上,光纤的强度是由光纤薄弱部位的强度决定的,因为光纤不可避免的含有一些缺陷,这种强度通过强度分布的方式来表达。强度分布可以通过 EIA/TIA-55-28 标准(光纤测试程序)获得。

当压力水平非常接近于测试时的压力水平时,大尺度的光纤会存在罕见的、随机性很强的缺陷,这种测试方法并不能描述出这些缺陷的特性。标准测试所用样本的长度也不能很好的测量这种随机的缺陷。Glaesemann 等人开发了一种测量大尺度光纤低强度分布的方法。采用这种方法,在特别长尺度上的光纤的强度分布都能被测得。这个测试通过 20m 连续长度的光纤进行测量,直到它被破坏,然后记录破坏荷载。通过这种方法,可以找到真正影响光纤可靠性的随机低强度段。康宁公司测试了 1000km 长的光纤用以建立一种全面而准确地强度分布。利用这种方法,制造商可以提供商用光纤的强度分布。

2. 光纤的疲劳特性

光纤对疲劳很敏感,尤其在高应力水平和潮湿的环境中。光纤的疲劳可以看作其在一个潮湿的环境中受拉应力的作用,缺陷随时间缓慢扩展的过程。在一个相当大的应力水平下,由于疲劳作用,光纤的强度将随着时间降级。这种应力可能以拉、弯或扭转的形式存在,也可能是他们的联合作用。因此,了解光纤的疲劳特性对光纤传感器的设计是非常重要的。关于这方面的文章很多,提出了一些微裂缝生长模型。最常用的亚临界裂缝生长模型描述了光纤质量上的失效过程。这个模型包括两个独立的子模型。第一个子模型描述了一个缺陷怎样引起了一个应力集中。

$$K_1 = \sigma Y c^{1/2} \tag{4-33}$$

其中 K_1 是应力强度系数;σ 是施加的应力;Y 是裂缝形状参数;C 是裂缝长度。一旦参数值 K_1 达到临界参数值 $K_1 C$ 时,将发生裂缝不稳定扩展或不可控的破坏。当光纤存在于干燥环境下的时候,裂缝长度将保持不变,直到 $K_1 = K_1 C$,如果在潮湿的环境中,尤其是当光纤暴露于水中或是非常潮湿的环境中时,即使在 $K_1 < K_1 C$ 时,裂缝端部的应力集中也将破坏,裂缝开始生长。受裂缝端部的应力强度因子控制的化学反应决定了裂缝的生长率,这导致了第二个子模型,它描述了裂缝生长率 $\overset{\cdot}{C}$,是一个关于 K_1 的单调递增

函数。

$$\dot{C} = \exp\{f(k)\} \tag{4-34}$$

其中

$$k = \frac{K_1}{K_{1c}} \tag{4-35}$$

目前仍很难从数量上表述出第二子模型，这个模型还是光纤寿命预测方面中比较新的方向。当光纤处在比临界应力低的应力水平下，第二子模型描述了光纤的寿命。光纤寿命模型受应力和环境两方面因素影响。Mattewson 分析了在环境因素，例如温度、湿度和 pH 等影响下，熔接后光纤的强度和疲劳的相关性，并用第二子模型式（4-34）的数学计算值与实验值进行了比较。但是，在高应力水平下光纤的疲劳问题目前还未见报道。

在光纤传感器中，光纤通常是处于预应力状态下的。即使这个传感器最初是应力自由的，但当它被粘贴或者埋入到结构中时，结构的变形将引起传感器的应力变化。这说明覆层同样处于受拉状态。当高分子材料的涂覆层暴露于紫外光或者高温下，它将变得很脆弱。一个很小的拉应力就能导致涂覆层内微裂缝的扩展，导致潮湿空气渗入光纤纤芯，加速裂缝的生长。光纤传感器的应力水平高于通信用光纤。常用于制作光纤传感器的光纤材料特性如表 4-5 所示。验证试验测得的应力水平是 670MPa。通信行业中各种长度光纤的容许应力设计指标如表 4-6 所示。

常用于制作光纤传感器的光纤材料特性 　　　　表 4-5

材 料 参 数	参 数 值	单 位
光纤的弹性模量	7.2×10^{10}	Pa
光纤涂敷层的弹性模量	2.55×10^6	Pa
光纤纤芯的泊松比	0.25	
光纤涂敷层的泊松比	0.499	
光纤涂敷层直径	205	μm
光纤纤芯直径	125	μm

设计允许应力（σ_P 指实验最大应力） 　　　　表 4-6

存活寿命	允许应力	允许应力（$\sigma_P = 667$MPa）
40years	$1/5\sigma_P$	134MPa
4hours	$1/3\sigma_P$	222MPa
1second	$1/2\sigma_P$	333MPa

对于结构健康监测中所用的光纤，如果应变水平是 $2000\mu\varepsilon$，那么通过方程可求出光纤中的应力是 1440MPa。远远超出了表 4-6 的应力建议值。即使是 $200\mu\varepsilon$，这样一个结构中很低的应变水平，光纤的应力也有 144MPa 左右，也超过了表 4-6 中所列推荐应力水平。通过这些可以看出，用于通信行业中的光纤可靠性预测体系不能用于确定光纤传感器的可靠性。因此，有必要建立一个适用于光纤传感器的可靠性确定体系，通过这个体系根据需求应力或应变水平可以预测光纤传感器的寿命。

在一些光纤传感器体系中，光纤长期处于预拉状态。在这种情况下，为了测量光纤的长期可靠性，应使预拉应力维持较长的一段时间。为了研究这个问题，将光纤在循环荷载作用下使用低相关双反射干涉仪系统来监测光纤的疲劳性。测量系统的结构如图 4-74 所示。

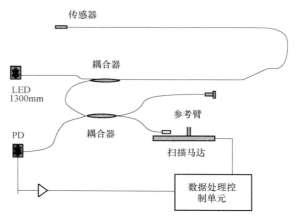

图 4-74　光纤传感器测量系统

试验光纤采用通信用光纤，标距长度大约为 1m。使用 OTDR 测量光纤的精确长度。试验光纤的张拉试验装置如图 4-75 所示。

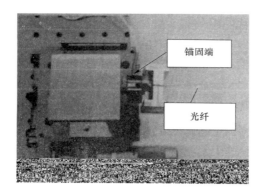
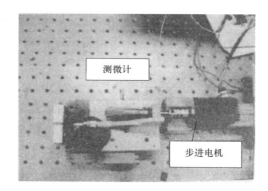

图 4-75　光纤张拉实验装置

通过测量在同样环境下无载光纤的长度变化进行补偿温度和湿度的影响。为了消除夹

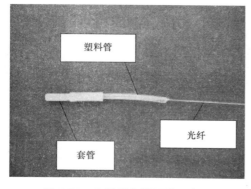

图 4-76　光纤样本锚固端示意图

具以及滑轮对光纤的影响，在张拉试验中采用金属箍连接器作为锚固端。光纤样本的锚固端如图 4-76 所示。

给试验光纤施加循环的张拉力。每次加载 10000 次循环，用 DRIS 系统测试光纤的长度。图 4-77 为两个经过循环加载后的光纤在荷载释放后的延长。试验光纤 1 的平均应变水平为 0.2%，试验光纤 2 的为 0.3%，应变的振荡幅度为 0.1%。从图 4-77 中可以看出，光纤由疲劳引起的最大永久延长约为 $250\mu m/m$。在加载初期，光纤长度的延长率有很大相关性。随着加载次数的增加，光纤的长度趋于稳定。

光纤传感器中的光纤采用类似的方法进行测试。每经历 20000 次的循环荷载记录一次光纤传感器的中心波长。采用与前一个试验类似的方法，一个无荷载的光纤传感器用于补偿环境的影响。图 4-78 显示了经过 500000 次的循环加载中心波长的漂移结果。

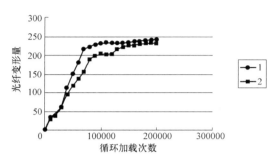

图 4-77 光纤传感器在循环荷载下的疲劳特性

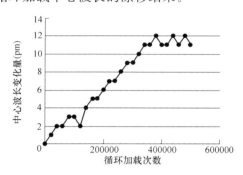

图 4-78 循环荷载下中心波长的漂移结果

正如之前所提到的，光纤由三部分组成，纤芯、包层和涂覆层。纤芯和包层主要由二氧化硅构成，因此比较脆。涂覆层通常是一种拥有黏弹性性质的聚合材料组成。再生产过程中由于涂覆层和二氧化硅纤芯（包括光纤的纤芯和包层）具有不一致的变形能力，因此在光纤中就存在一些残余应力。光纤在循环加载的过程中，涂覆层开始蠕变。因此，残余应力被释放。最后，随着荷载循环次数的增加，涂覆层开始软化，只剩纤芯和包层还在承受循环荷载。因为裸光纤是一种脆性材料，并没有蠕变特性，如果循环荷载的次数足够大，光纤的长度将趋于稳定，如永久变形的产生。

对于光纤传感器中的光纤，在刻光栅之前要先将涂覆层剥离。这个过程能够释放光纤传感器附近的残余应力。图 4-77 的数据描述了重新涂覆段的疲劳性。从图中可以看出，与光纤其他部位相比，重新涂覆段的残余应变是很微小的。同样可以看出，在经过近400000 次的循环加载后，光纤的变形趋于稳定。图 4-78 中的现象与这很类似。考虑光纤中残余应力的存在，有必要采用合适的方法用于设计长期使用的光纤传感器。

4.7.2 加工过程对光纤传感器可靠性影响

与通信产业中的光纤相比，光纤传感器中的光纤长度是非常短的。因此，沿着光纤的强度分布比较一致，较容易定位其中的薄弱环节。另一方面，在传感器的制作过程中，对光纤的加工将对光纤的强度产生不利的影响。例如，在传感器的加工过程中，在光纤中刻光栅的前后分别要对涂覆层进行剥离和重涂覆。这个过程中，光纤的强度水平将低于未被加工过的光纤。同样，在传感器的制造过程中，传感器的夹持产生了一种"收聚"。当一个光纤被夹持的时候将产生收聚破坏。此外，当光纤被一个锋利的物体切割的时候将产生磨损破坏。上述多种形式的破坏都将引起强度的退化和疲劳破坏的加速。加工过程中的破坏如图 4-79 所示。

Tarpery 等人研究了光纤光栅传感器中光纤的剥离和重新涂覆的机械稳定性。在他们的研究中，光纤被化学侵蚀或者激光切割，然后进行张拉，直到光纤破坏，并测试光纤的

图 4-79　典型的收聚破坏和磨损破坏

强度。采用 SEM（电子扫描显微镜）测定经过脱膜和重涂覆后光纤的缺陷。相关实验结果如表 4-7 所示。

从统计学的角度来看，他们的研究指出了重涂覆光纤强度的综合结果。大体上讲，传感器的加工过程中的退火和重涂覆过程造成了光纤强度的退化，降低了光纤传感器的可靠性。

光纤状态和断裂应力、明缺陷和暗缺陷之间的关系　　　　　　表 4-7

光纤状态	断裂应力中值 （GPa）	平均断裂应力 （GPa）	检测缺陷尺寸 （μm）	从破坏应力推断 缺陷尺寸（μm）
原始	6.27	5.91	无瑕疵	0.15
化学侵蚀：高级模式	5.95	5.71	无瑕疵	0.2
化学侵蚀：低级模式	2.11	2.03	—1.5	2.5
CO_2 激光切割	0.222	0.533	3.2	10～100
重涂覆：低级模式	1.81	1.79	承担起研磨作用	2.0
重涂覆：高级模式	6.12	5.07	承担起研磨作用	0.2

4.7.3　封装与安装对传感器可靠性影响

1. 光纤传感器的封装以及对可靠性的影响

在大部分应用中，光纤传感器在封装后安装到结构上或者埋入到混凝土中。对于光纤传感器有很多种封装方法。用于表面粘贴试件的裸光纤和用于埋入混凝土中的封装后的光纤传感器如图 4-80 所示。一方面，光纤的封装工艺保护其不受环境影响和外界因素破坏，增加传感器在安装和使用过程中的存活率。另一方面，封装改变了传感器的传感性能。

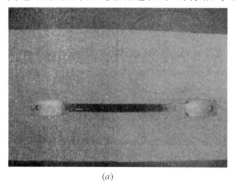

(a)

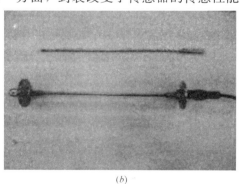

(b)

图 4-80　封装后的光纤光栅传感器示意图

对于封装后的传感器，传感器的灵敏度主要取决于测量结构与光纤纤芯之间的封装材料和应变传递能力。传感器的耐久性和使用寿命不仅取决于光纤本身，还受封装材料的影响。传感器封装引起的可靠性问题包括应力传递、封装材料及传感器的兼容性、纤芯的老化、热稳定性以及封装材料本身的特性，如线弹性等问题。

传感器的感测单元是光纤的二氧化硅纤芯。应变从结构传到纤芯要经过封装层和涂覆层。在这个过程中，应力损失是不可避免的。Ansari 等人分析了基质材料与光纤纤芯之间的应力传递。他们定义了一个应力传递参数用以确定应力传递再涂覆层中的损失，这种损失主要受标定长度、涂覆层的弹性性质和粘结材料影响。Trutzel 等人则提出了一种光纤纤芯应变与胶合长度之间的关系。对于标定长度（粘结长度）小于 10mm 的低弹模（100MPa 左右）涂覆层的光纤，应变并不能完全传到纤芯。相反，对于弹性模量在 3GPa 左右的典型聚合物涂覆层，在只有 2～3mm 的粘结长度下也有很好的应变传递。

2. 安装工艺对光纤传感器可靠性影响

对于恶劣工作环境下的短期监测，可以直接将光纤传感器粘贴在结构上。如图 4-81 所示，在黄河第二高速桥的缆索力监测中，光纤光栅传感器直接粘贴于索缆表面，所有传感器都被贴在索缆的锚固端，在传感器被安装之后，这段就被牢牢嵌入环氧和铸铁砂的混合物中，传感器被保护胶保护着。从测量结果上看，在预张拉过程中，粘贴于缆索表面的光纤传感器所测结果与应变片所测结果是相等的。但是，在传感器粘贴的过程中，难以保证传感器的方向与主应力方向一致，传感器的存活率也不高。另外，还要阻止潮湿空气的侵蚀。

通常来讲，对于表面粘贴式的传感器，在传感器的生命周期内，需要慎重考虑粘接剂和潮湿侵蚀的影响。对于普通传感器的安装，熔接技术是一种可行的方法。光纤传感器首先被粘到一个薄的钢片上，然后将其熔接到被监测物的表面。这项技术被证明比其他的安装技术更可靠。

能够埋入结构中（如混凝土和 FRP）是光纤光栅传感器的一个主要优点。对于埋入式的光纤光栅传感器，需要对传感器光纤接头部位进行保护，同时保护工艺不能降低传

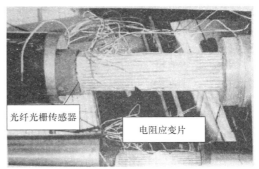

光纤光栅传感器 电阻应变片

图 4-81　粘贴于索缆上的光纤光栅
传感器和电阻应变片

感器的传感性能和长期可靠性。一种应用于测量大变形以及裂缝监测的长标距光纤光栅传感器如图 4-82 所示。在传感器的两端分别有两个加固端子用于保护光纤以及连接防护铜管，如图 4-83 所示。

3. 传感器标定与验证试验

以往的文献显示，关于裸光纤传感器的标定和灵敏度分析已经有充足的数据。因此，需要有更多关于传感器在特殊用途时的加固与封装方面的数据。正如前面所提到的，用于封装的额外材料改变了传感器的应变传递特性。所以需要对光纤传感器做标定试验，尤其是在长期埋入式的监测中。为了提高光纤传感器的可靠性，同样需要验证试验。至今，光纤传感器的标定已经是标准化的了。验证试验包括疲劳、老化以及防水测试等。长标距埋

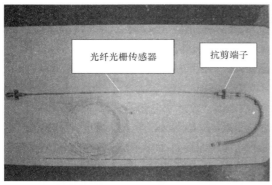

图 4-82　长标距光纤光栅传感器

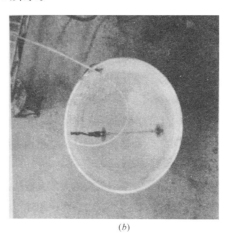

图 4-83　光纤光栅传感器安装后保护示意图

入式光纤传感器的疲劳与防水试验如图 4-84 所示。

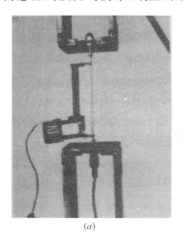

(a)　　　　　　　　　　　　　(b)

图 4-84　长标距埋入式光纤传感器的疲劳与防水试验

第5章　光纤光栅大量程位移传感器的研发

5.1　研发意义

采用光纤光栅原理的位移计称为光纤光栅位移计，简称 FBG 位移计（FBG 是 Fiber Bragg Grating 的缩写，即光纤布拉格光栅）。FBG 位移计有着监测灵敏度高、能实时在线监测软基沉降等优点。但目前其监测的缺陷在于其监测的量程很有限，国内如北京基康公司所生产的 FBG 位移计，量程在 20cm 以内，能满足桥梁、隧道、大坝等领域的位移监测，而高等级公路软基沉降值远超出此量程，所以必须开发适合软基沉降监测的大量程位移计来满足监测要求，同时又很好地利用了光纤光栅在传感技术领域的优异性能，从而解决了现有技术中 FBG 传感器监测量程有限这一问题。

5.2　研发原理

大位移传感器可以采用两个以上的 FBG 传感器进行连接而成，现以三个 FBG 传感器为例说明光纤光栅大位移传感器的研发原理，原理构造如图 5-1 所示。

弹簧1　　FBG1　　　弹簧2　　　FBG2　　　弹簧3　　FBG3

图 5-1　大位移传感器基本原理图

图 5-1 中自左而右的三个 FBG 传感器分别定义为 FBG1 传感器、FBG2 传感器、FBG3 传感器，各自的弹性系数分别定义为 K_1、K_2、K_3，FBG2 和 FBG3 均能在套筒内滑动，自上而下的三根弹簧的弹性系数分别定义为 K_4、K_5、K_6，外界软基沉降发生量定义为 L，即沉降盘 2 发生的沉降量为 L，则：

$$L = L_1 + L_2 + L_3 \tag{5-1}$$

式（5-1）中，L_1、L_2、L_3 分别为 FBG1 传感器、FBG2 传感器、FBG3 传感器所监测的位移量。

L_1、L_2、L_3 按下列计算式进行计算：

$$L_1 = \Delta\varepsilon_1 \frac{K_1 K_4}{K_1 + K_4} K_1 \tag{5-2}$$

$$L_2 = \Delta\varepsilon_2 \frac{K_2 K_5}{K_2 + K_5} K_2 \tag{5-3}$$

$$L_3 = \Delta\varepsilon_3 \frac{K_3 K_6}{K_3 + K_6} K_3 \tag{5-4}$$

式（5-2）、式（5-3）、式（5-4）中：

$$\Delta\varepsilon_1 = \frac{\Delta\lambda_1}{\lambda_1(1-P_e)} \tag{5-5}$$

$$\Delta\varepsilon_2 = \frac{\Delta\lambda_2}{\lambda_2(1-P_e)} \tag{5-6}$$

$$\Delta\varepsilon_3 = \frac{\Delta\lambda_3}{\lambda_3(1-P_e)} \tag{5-7}$$

式（5-5）、式（5-6）、式（5-7）中：

λ_1、λ_2、λ_3——三个光纤传感器的中心波长，在选用光纤传感器时，λ_1、λ_2、λ_3 均为已知的常量；

P_e——光纤的弹光系数，为已知的常量；

$\Delta\lambda_1$、$\Delta\lambda_2$、$\Delta\lambda_3$——三个光纤传感器的波长漂移量；

$\Delta\varepsilon_1$、$\Delta\varepsilon_2$、$\Delta\varepsilon_3$——计算得出的三个光纤传感器发生的应变。

三个光纤传感器的波长漂移量 $\Delta\lambda_1$、$\Delta\lambda_2$、$\Delta\lambda_3$ 可通过光缆将传感器与光纤光栅解调仪连接测量得到。因此，通过上述公式就可以计算出软基沉降发生量 L。

5.3　位移传感元件

开发软基智能光纤光栅大变形位移传感器所需传感器组件选择北京基康公司生产的光纤光栅式位移计元件，型号为 BGK-FBG-A3，光栅类型为切趾光栅，量程为 200mm，精度 3%FS，灵敏度 0.3%FS，工作温度 $-30\sim+80$℃，耐水压力 0.5MPa，传递杆为不锈钢测杆，单端接线为 1.2m 铠装光缆，传感器组件如图 5-2 所示。

基康 A3 型多点位移计主要由锚头、不锈钢传递杆及保护管、安装基座、传感器基座、位移传感器传感器保护罩组成，具有结构简单、安装方便快捷的特点。位移计安装基座及注浆锚头如图 5-3 所示。

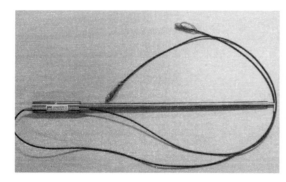

图 5-2　BGK-FBG-A3 型光纤光栅式位移计

图 5-3　位移计安装基座及注浆锚头

A3 型可作为单点位移计使用，广泛用于基岩的变位监测或其他结构监测中。A3 型多点位移计采用性能优越的 BGK-FBG-4450 型光纤光栅位移传感器，本次研发采用位移传感器的最大量程为 200mm。仪器可安装在金刚石钻孔（地质钻孔）中，也可安装在冲击钻孔中。

光纤光栅位移传感器的主要技术指标如表 5-1 所示。

光纤光栅位移传感器其主要技术指标 表 5-1

标准量程	200mm
分辨率	$\leqslant 0.1\%FS$
测量精度	$\leqslant 2\%FS$
中心波长	1510～1590nm
温度范围	$-20\sim+50℃$
安装方式	埋入

5.4 大量程位移传感器组装

大量程光纤光栅位移传感器结构如图 5-4 所示，包括套筒，位于套筒上方的沉降盘下表面与滑动连杆固定连接，滑动连杆下端伸入套筒内，套筒内沿套筒轴线方向依次套装两个以上的 FBG 传感器，所述两个以上的 FBG 传感器外部保护层的外径与套筒的内径相匹配，各 FBG 传感器之间通过弹簧连接，位于套筒最上方的传感器 FBG1（附图标记为 4）的外部保护层与套筒内壁紧固，本实施例中通过定位销进行紧固，传感器 FBG1 的顶端与滑动连杆的下端固定连接，位于套筒最下方的传感器 FBGi 的底端通过弹簧与刚性测杆的顶端固定连接，刚性测杆的底端伸出套筒的底部并与注浆锚头固定连接，第二个传感器 FBG2 直至位于套筒最下方的传感器 FBGi 的外部保护层与套筒 1 的内壁均为滑动配合，所述各 FBG 传感器、弹簧、刚性测杆、注浆锚头与套筒共轴线，所述沉降盘的上下表面与套筒的轴线垂直，各 FBG 传感器通过光缆依次串接后与光纤光栅调解仪连接。

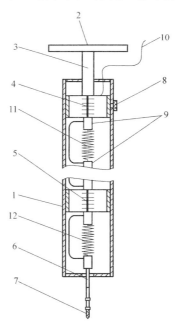

图 5-4 大量程光纤光栅位移传感器结构示意图
1—套筒；2—沉降盘；3—滑动连杆；4—传感器 FBG1；
5—传感器 FBGi；6—刚性测杆；7—注浆锚头；8—定位销；
9—刚性金属杆；10—光缆；11—弹簧 S1；12—弹簧 Si

沉降盘为上下表面均为平面的圆形盘或椭圆形盘或平滑曲线盘，设置沉降盘的目的主要是保证传感器 FBG1 的上端能和软基表面共同下沉。因此，圆盘必须保证一定的面积，实践中，优选采用直径大于等于50cm 的圆形盘，以保证传感器 FBG1 的上端能和软基表面共同下沉的同时，使得沉降过程中的阻力最小，即外界的干扰最小，传感器测得的数据更为精准。

各 FBG 传感器通过刚性金属杆或金属连接座与弹簧连接，由于各个 FBG 传感器与弹簧均有弹性，通过刚性金属杆或者金属连接座进行力的传递更有利于力传递的准确性与稳定性。

优选的各弹簧的弹性系数相等，或者相差不大，这样，我们选择的各弹簧为同厂、同型号的弹簧，其量程相等；各弹簧量程不相等时，选择各自的量程范围为 20～25cm。

优选的各 FBG 传感器的弹性系数相等或者相差不大，这样，我们选择的各 FBG 传感器为同厂、同型号的 FBG 传感器，FBG1 至 FBGi 各传感器的中心波长相等；

各 FBG 传感器的弹性系数不相等时，从 FBG1 至 FBGi 各传感器的中心波长各自依次相差 1nm 以上。

刚性测杆为分段的多截连接杆，每段杆的连接处均有相匹配的螺纹可以不断接长，适合不同的监测环境需要。

套筒的内壁涂有润滑剂，如可以采用黄油或机油润滑，减小滑动的摩擦阻力，增加监测结果的准确性。

现场监测埋设时，通过钻孔将注浆锚头埋入到相对稳定的地层中的指定标高，并压注适量的水泥浆将其与周围土体固结，注浆锚头的上端通过刚性测杆与传感器相连，刚性测杆可以伸缩或者接长，沉降盘埋设于待监测土层，沉降盘的上表面与待监测土层的上表面水平；当软基施工加载后，产生压缩变形，沉降盘发生下沉，弹簧随之发生变形，并带动光纤光栅一起发生形变，引起光纤光栅波长发生变化，沉降量可以通过读取各个光纤光栅传感器监测量之和获得。

5.5　大量程位移传感器标定

大量程光纤光栅位移传感器内置三个单点位移计，编号分别为 2009220、2009218、2009217，为保证监测数据的高可靠性，我们分别对其进行了室内标定实验。大量程光纤光栅位移传感器室内标定如图 5-5 所示；光纤传感网络室内模拟试验如图 5-6 所示。

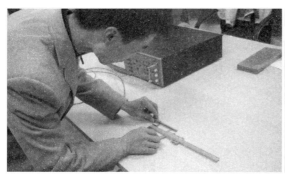
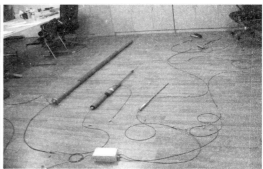

图 5-5　光纤光栅位移计室内标定　　　图 5-6　光纤传感网络室内模拟试验

编号为 2008220 的位移计标定结果如图 5-7 所示；编号为 2008218 的位移计标定结果如图 5-8 所示；编号为 2008217 的位移计标定结果如图 5-9 所示；编号为 2008216 的位移计的标定结果如图 5-10 所示；编号为 2008219 的位移计的标定结果如图 5-11 所示；大量程光纤光栅位移计标定曲线如图 5-12 所示。

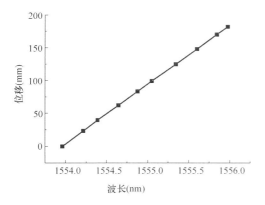

图 5-7 编号为 2008220 的光
纤光栅位移计标定曲线

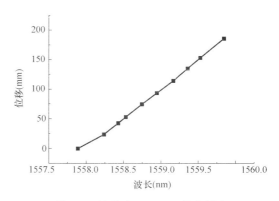

图 5-8 编号为 2008218 的光纤光
栅位移计标定曲线

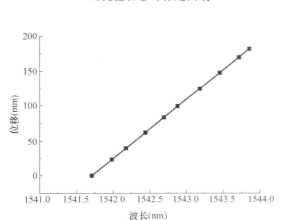

图 5-9 编号为 2008217 的光纤
光栅位移计标定曲线

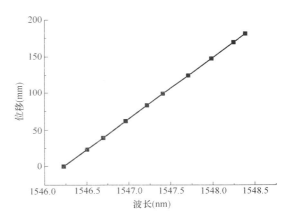

图 5-10 编号为 2008216 的光
纤光栅位移计标定曲线

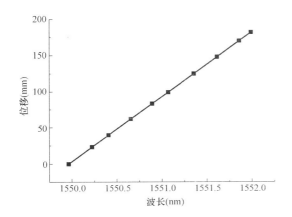

图 5-11 编号为 2008219 的光
纤光栅位移计标定曲线

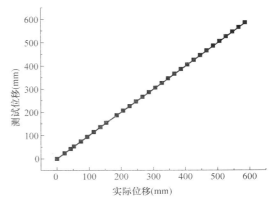

图 5-12 大量程光纤光栅位
移计标定曲线

同时对该路基监测拟采用的渗压计也进行了标定，渗压计标定曲线如图 5-13、图 5-14 所示。光纤光栅位移计标定结果如表 5-2 所示，光纤光栅渗压计标定结果如表 5-3 所示。

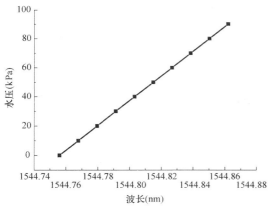

图 5-13　光纤光栅渗压计 09514 标定曲线

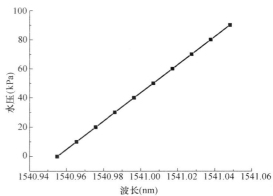

图 5-14　光纤光栅渗压计 09515 标定曲线

光纤光栅位移计标定结果　表 5-2

产品名称		光纤光栅位移传感器		
产品型号		BGK-FBG-4450T-200		
产品序列号	室温读数		位移系数（mm/nm）	R
	中心波长（nm）	温度		
2009216	1546.228	1528.673nm@21.4℃	84.312487	99.998％
2009217	1541.711	1526.674nm@21.4℃	84.868288	100.000％
2009218	1557.828	1533.358nm@21.4℃	98.021470	99.998％
2009219	1549.964	1530.352nm@21.4℃	89.825316	99.998％
2009220	1553.931	1532.033nm@21.5℃	91.113028	99.999％
大量程光纤光栅位移计				99.991％

光纤光栅渗压计标定结果　表 5-3

产品名称		光纤光栅位移传感器		
产品型号		BGK-FBG-4500S		
产品序列号	室温读数		位移系数（kPa/nm）	R
	中心波长	温度		
09514	1544.756nm	1528.380nm@20.3℃	848.166780	99.998％
09515	1540.955nm	1526.865nm@20.3℃	965.487007	99.987％

从图 5-12 可以看出，大量程光纤光栅位移传感器标定曲线线性度较好，相关系数 R 达到 99.991％，有很好的准确性，并且量程可以达到 600mm，能够满足现场路基沉降监测要求。

第 6 章　公路软基智能信息化监测系统的开发

本章主要介绍了高等级公路软基光纤现场监测系统与远程监测系统的开发与应用，该监测系统可以实时、在线、远程地读取施工现场检测数据，经过计算得到包括路基沉降、水压力以及温度等在内的各种监控参数，将检测数据及监控参数以用户图形界面的方式显示给各监理单位和监控单位，各参建单位可在任何时候对现场施工情况进行监视、对历史情况进行查询，及时掌握最新的软基监控信息。通过该监测系统可以远距离实现实时分析采集的监测数据，及时指导现场施工，从而实现软基施工及工后沉降的远程在线监测。

6.1 软基智能光纤监测系统开发

6.1.1 监测系统开发的目的

高等级公路软基智能光纤在线监测系统是利用 Visual C++ 6.0 编写的一个现场数据采集与分析软件系统，主要目的通过该软件系统对光纤光栅传感器监测的高等级公路软土地基在路堤加载、路面施工以及运营过程中的土体沉降、孔隙水压力、温度等参数进行实时在线数据采集，并通过该软件对采集的监测数据进行分析，以便及时指导现场路堤施工，实现公路软基监测的智能信息化，提高监测效率，节约工程成本。

6.1.2 监测系统主要功能

高等级公路软基智能光纤在线监测系统软件主要功能是实时读取软基施工现场检测数据，经过计算得到包括路基沉降、孔隙水压力以及温度等各种监控参数，将检测数据及监控参数以用户图形界面的方式显示给用户，用户可在任何时候对现场施工情况进行监视，对历史情况进行查询，及时掌握最新的软基监控信息；利用检测数据进行处理，形成项目所需的各种报表、图形；同时，通过对监控参数的分析和查询，实现软基沉降速率预警预报。

具体功能如下：

（1）实时读取现场光纤光栅传感器所监测软基的沉降、孔隙水压和温度的数据，并以曲线的形式直观显示。首先读取沉降光纤光栅传感器、光纤光栅孔隙水压传感器以及光纤光栅温度传感器等测量初始值，将各初始状态值作为参照数值；然后，实时读取光纤光栅传感器的波长数据，与上述初始状态值进行对比，就可以得到传感器采集的数据的变化情况。对每个传感器读取的数据与上述初始状态值进行比较、计算，并将计算结果以实时参数、实时参数曲线等多种形式显示给用户。

（2）形成历史数据库，根据用户需要可以实时显示软基沉降、孔隙水压和温度的历史曲线。根据工况，在每次监测时，将监测的数据进行保存，形成历史数据库。按照一定频率将实时数据库中的一组数据存储入历史数据库，持续一段时间后，就形成这段时间内的历史记录。在需要对历史数据库的数据进行分析时，将历史数据库中的数据读取出来，显示沉降历史曲线、孔隙压力历史曲线和温度历史曲线。

（3）利用历史数据库和实测数据进行沉降速率计算，根据预先设定的阀值进行比较判断，实现软基沉降预警预报功能。

（4）软件系统数据库存储有参数的配置信息，通过对配置信息进行修改可以适应不同工况的测量要求。

6.1.3　监测系统结构

软基智能光纤监测系统的结构包括光纤传感器、软基沉降光纤解调仪、实时数据库与历史数据库和系统应用程序组成，系统应用程序包括系统登入模块、参数监测模块、时程曲线绘制模块、沉降预警预报模块、参数配置模块和密码设置模块等内容。软基智能光纤监测系统结构如图 6-1 所示。

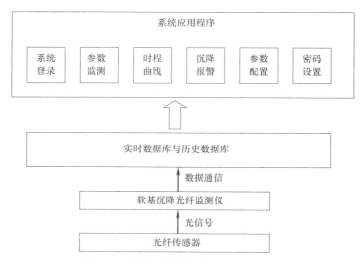

图 6-1　软基智能光纤监测系统结构图

软基光纤监测系统软件的设计采用 C/S 结构，各模块可以有机结合，灵活地进行数据和警报的传送、管理。开发软件选用 Visual C＋＋ 6.0，系统运行环境支持 Windows98/2000/XP/2003/VISTA，启动系统时不再需要其他软件支持。

监测系统中，用户包括施工单位、监理单位和监控单位。光纤检测到的实时数据存放于指定存储文件中，供用户进行读取和查询。对数据进行加工处理后返回到用户图形界面的操作结果可以是各种数值、图形和曲线。用户通过系统可以方便地进行调用。

6.1.4　监测系统的特点

软基智能光纤监测系统可以方便地对软基监控数据进行查询和运算，形成用户所需的各种图形、曲线，实时反映软基处理的全部或局部状况。

监测系统的优点如下：

（1）实时性好，实时读取数据并显示，加快监测数据的传递、实时反映软基处理的情况，便于了解现场施工情况；

（2）自动化程度高，自动读取和准确显示现场采集数据，自动对各种监测参数进行量化计算，并对历史沉降和当前沉降情况进行报警，有利于全面反映软基情况。

当前对路基沉降、水压力以及温度等各种监控参数的计算是通过人工利用光纤检测数据进行计算后，再以书面报告提交，不仅耗费时间，而且当沉降出现异常时往往不能及时上报，不利于监控部门及时掌握软基进展情况。高等级公路软基光纤监测系统的实时显示、自动计算和报警功能改变了人工计算再上报的模式，不仅大大减少了人工计算所耗费的大量精力和时间，还可对当前路基沉降情况进行实时报警，实现了软基监控数据的有效监测和管理。

（3）解决了软基监控中对路基沉降等状况上报滞后、监控不力等问题，有利于及时掌握监控信息，有效指导施工，通过图形显示等功能直观反映现场信息，并已实现沉降报警功能，对推动高等级公路软基监控的信息化、智能化和自动化具有重要意义。

6.1.5 运行环境及系统要求

（1）硬件环境

CPU：推荐使用奔腾 Pentium4 以上的 CPU。

内存：推荐使用 1GB 以上的内存。

硬盘：至少提供 1G 的运行空间。

显示卡：推荐使用 1024×768 像数及以上分辨率，显存 256MB 以上，显示器推荐使用液晶显示器，支持 1024×768 像数及以上分辨率和 75Hz 的刷新率。

（2）软件环境

操作系统：Windows XP/VISTA。

6.1.6 系统登录

软基智能光纤监测系统处理的流程如图 6-2 所示。从图中可以看出，系统登入以后，用户可以选择性地对各模块进行操作，十分方便。

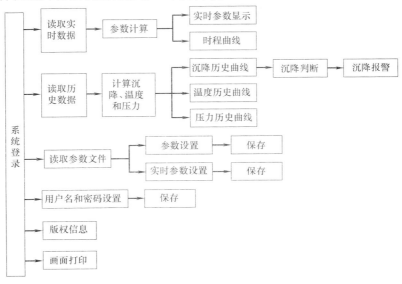

图 6-2 软基智能光纤监测系统处理的流程

监测系统操作流程如下：

（1）双击运行程序图标，出现系统欢迎界面，提示版本信息和版权所有单位。如图 6-3 所示。

（2）系统欢迎界面消失后，出现系统登录界面，提示操作者输入用户名和密码，当输入信息正确并按下"确认"后，进入"高等级公路软基智能光纤在线监测系统"的"参数监测"主画面。若输入用户名和密码错误，系统会提示错误信息。按下"取消"，则退出应用程序。系统登入界面如图 6-4 所示。

图 6-3　系统欢迎界面

图 6-4　监测系统登录界面

（3）按上述步骤进入"高等级公路软基智能光纤在线监测系统"以后，可以看到"参数监测"主画面，菜单栏包括：文件、查看、显示、沉降、配置、密码和帮助等。参数监测主画面如图 6-5 所示。

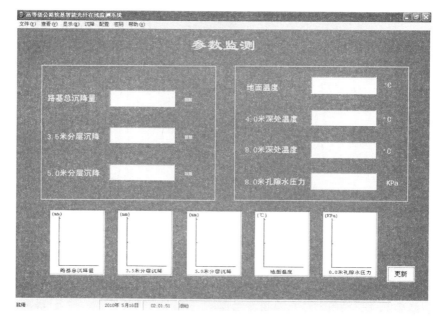

图 6-5　参数监测主画面

（4）通过选择菜单栏的各子菜单选项，可以实现各用户图形界面的切换。

（5）菜单栏的功能有：1）选择和打开文件；2）实时显示各监控参数的数值；3）各监控参数随时间变化的曲线；4）历史沉降曲线显示、查询；5）沉降报警；6）各监控参数计算公式中常数的修改和保存；7）用户名、密码的修改和保存；8）版本和版权信息。

6.1.7 系统功能介绍

（1）选择打开文件

用户通过菜单栏"文件/打开"选项选择所需的数据存储文件后，系统会自动读取文件中的数据，并将各监控参数的计算结果以数值、图形和曲线的形式显示在各个用户图形界面。通过重新启动应用程序进入"高等级公路软基智能光纤在线监测系统"，在这种情况下各个用户图形界面均不显示各监控参数的数值及其相应图形、曲线。若选择的数据文件错误，系统会给出"错误"提示。如图 6-6 所示。

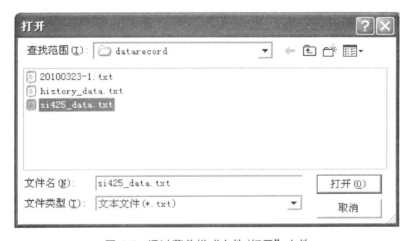

图 6-6　通过菜单栏"文件/打开"文件

（2）参数显示和监测

1）参数监测

打开数据存储文件后，系统读入实时数据，通过程序中的计算公式计算得到如下 7 个监控参数：路基总沉降量、3.5m 分层沉降、5.0m 分层沉降、地面温度、4.0m 深处温度、8.0m 深处温度和 8.0m 孔隙水压力。计算结果以数值形式显示在"参数监测"画面，同时各参数的数值以柱状图形式显示。按"更新"按钮，可以随时获取最新的实时数据，并进行实时显示。"参数监测"画面如图 6-7 所示。

2）时程曲线

"时程曲线"监视画面将路基总沉降量、地面温度和 8.0m 孔隙水压力的实时计算结果以曲线形式显示，并实时更新，方便操作者能准确掌握上述 3 个参数的变化趋势。"时程曲线"监视画面如图 6-8 所示。

3）沉降报警

在"沉降报警"界面中，点击"历史数据"按钮，将会弹出打开文件对话框，用户选择需要查看的历史数据存储文件，系统自动读取历史数据存储文件中的历史数据，计算得

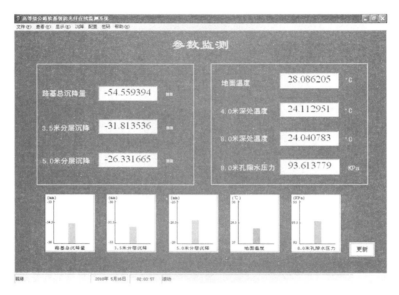

图 6-7　"参数监测"画面

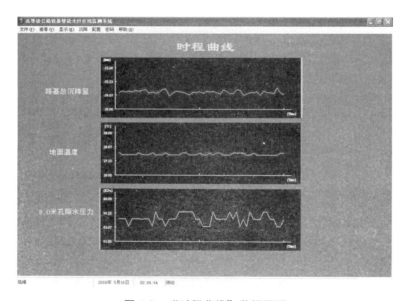

图 6-8　"时程曲线"监视画面

到路基总沉降量后，以曲线形式显示，即将各数据以点描绘，点与点之间以曲线连接。通过键盘"左"、"右"键可移动曲线图上的指示光标，指示光标移动指向的点所对应的日期和总沉降量数值会显示在下方，供监控方查询。此外，根据现场施工方和监控方要求，对历史路基总沉降量进行分类，分为"安全"、"警戒"和"危险"。当指示光标指向某个数据点时，其沉降量所属的范围以文字方式显示，从而实现历史沉降报警。

同样，对利用最新实时数据计算得到的当前路基总沉降量，也可以按照上面划分规则分为"安全"、"警戒"和"危险"，同样以文字方式显示当前路基总沉降量所属范围，实现实时沉降报警。沉降报警画面如图 6-9 所示。

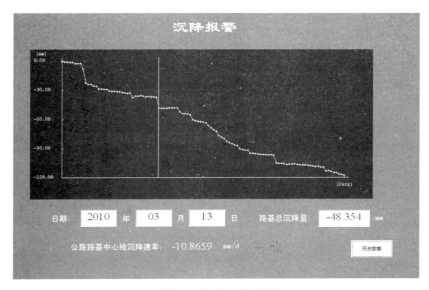

图 6-9　沉降报警界面

4）参数配置

当现场施工情况发生变化时，上述 7 个监控参数的计算公式中，相关参数可能发生变化，在"参数配置"界面中，可修改各参数的数值。点击"确定"按钮后，将修改后的参数保存，在下一次重新启动程序时，系统会自动读取上一次修改后的参数值并显示。参数配置界面如图 6-10 所示。

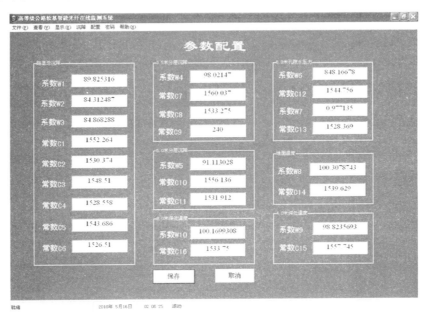

图 6-10　"参数配置"界面

（3）用户设置及帮助

1）用户密码设置

用户密码设置选项提供修改和保存登录系统的用户名和密码功能，确认后将新用户名和密码保存，下一次重新启动程序时，系统将自动读取上一次修改后的用户名和密码。用户名和密码设置如图 6-11 所示。

2）帮助

该选项提供本系统的系统名称、版本号以及版权所有信息。如图 6-12 所示。

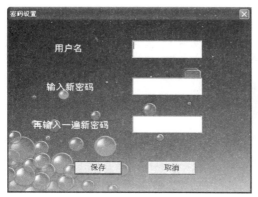

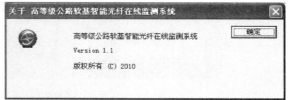

图 6-11　用户名和密码设置

图 6-12　系统名称、版本号以及版权所有信息

6.2　光纤远程在线监测系统的开发

6.2.1　系统开发目的

高等级公路软基智能光纤远程在线监测系统是利用 Visual Studio 2008（VC9.0）编写的一个远程控制软件系统，主要目的是用来对高等级公路软土地基工作环境、路堤加载及路面施工等各类外部荷载因素作用下的响应及土体固结过程进行在线测试，通过该软件可以远距离实现实时分析采集的监测数据，及时指导现场施工，从而实现软基施工及工后沉降的远程在线监测。

6.2.2　系统主要功能

高等级公路软基智能光纤远程在线监测系统由两部分组成，一部分是本地计算机系统，即本地服务器端，另一部分是远程数据管理及监控系统，即远程客户端。用户将本地服务器端安装在被控端的计算机上后，能在主控端执行远程数据管理及监控系统来控制被控端，它的控制过程是先在远程主控端电脑上执行客户端程序，像一个普通的客户一样向软基监测现场被控端电脑中的服务器端程序发出信号，建立一个特殊的远程服务，然后通过这个远程服务，使用各种远程控制功能发送远程控制命令，从而控制被控端电脑的各种应用程序的运行，实现远距离采集、分析软基现场监测数据，及时指导施工，确保软基施工安全。

系统的具体功能如下：

（1）该系统可以使用以太局域网、广域网或宽带互联网服务供应商（缆线，DSL）的调制解调器来拨号 ISP，建立远程连接，远程控制任何 Windows XP 或 Vista 操作平台，包括远程控制键盘和当地的鼠标。

（2）文件传输：可以从本地机上传文件到软基智能光纤远程在线监测系统的服务器，同时可从远程服务器下载文件到本地计算机。

（3）局部游标处理：光标的运动不产生任何更多的屏幕更新，远程控制光标的运动处理由本地客户端控制。

（4）支持两个密码（完全控制和只读）；服务器允许或不允许远程键盘和鼠标事件，这取决于使用密码验证。

6.2.3 运行环境及系统要求

（1）硬件环境

CPU：推荐使用奔腾 Pentium4 以上的 CPU。

内存：推荐使用 1GB 以上的内存。

硬盘：至少提供 1G 的运行空间。

显示卡：推荐使用 1024×768 像素及以上分辨率，显存 256MB 以上，显示器推荐使用液晶显示器，支持 1024×768 像素及以上分辨率和 75Hz 的刷新率。

（2）软件环境

操作系统：Windows XP/VISTA。

6.2.4 程序安装

（1）服务器端安装

高等级公路软基智能光纤远程在线监测系统的安装程序运行环境为 Windows XP/VISTA 操作系统。将光盘放入光驱运行，或将程序考入硬盘，解压缩并运行。Windows Defender 将检测"高等级公路软基智能光纤远程在线监测系统"的远程控制软件。运行 Windows Defender 的扫描完成时一定要选择"评审项目通过扫描检测"；在"扫描结果"，"动作"选项栏中，选择"总是允许"。

（2）客户端安装

将光盘放入光驱运行，或将程序考入硬盘，解压缩并运行。创建一个桌面快捷方式，图标为"高等级公路软基智能光纤远程在线监测系统"，单击右键，选择"发送到"—"桌面（创建快捷方式）"，方便操作。

6.2.5 系统使用

（1）配置服务器端：设置高等级公路软基智能光纤远程在线监测系统的服务器密码。左键点击高等级公路软基智能光纤远程在线监测系统的服务器图标"属性"。然后进入"服务器"选项卡，"传入连接"，选中"接受连接"。在"全权限密码"框中键入一个密码，然后在"观看密码"框中键入一个密码，点按"应用"和"确定"。建议使用八个字符的密码以增加安全性。用户属性配置界面如图 6-13 所示。

（2）配置客户端：连接到高等级公路软基智能光纤远程在线监测系统的服务器，将服务器的 IP 地址和高等级公路软基智能光纤远程在线监测系统的服务器密码进行输入。在一个网络时，可以使用高等级公路软基智能光纤远程在线监测系统的服务器的计算机名

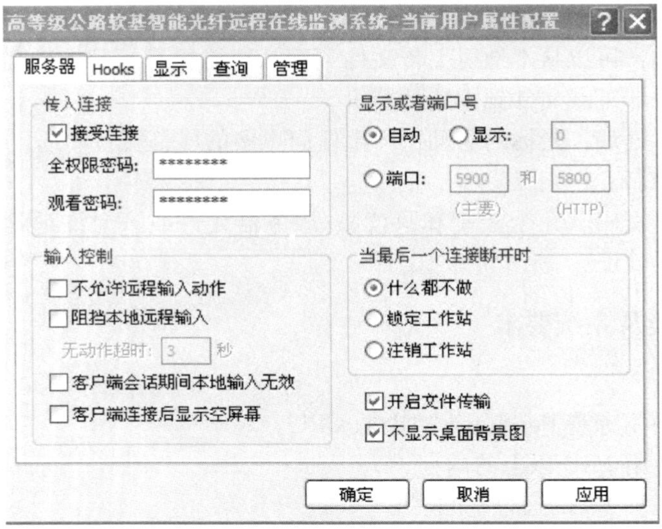

图 6-13　用户属性配置

称，而不是 IP 地址。

从桌面快捷方式可以启动高等级公路软基智能光纤远程在线监测系统查看器。选择适当的连接配置文件：

1）低带宽连接＝拨号；

图 6.14　选择配置文件进行连接

2）默认连接选项＝宽带（DSL，电缆）；

3）高速网络＝局域网；

4）然后输入 IP 地址或计算机名，然后点击"确定"，进行连接。如图 6-14 所示。

（3）操作过程

打开本地服务器端，点按远程客户端图标，这时会出现如图 6-15 所示画面。

图 6-15　点按点击远程客户端

然后输入远程客服端电脑的 IP 地址，如图 6-16 所示。

图 6-16　输入远程 IP 地址

接着输入系统密码标准验证，如图 6-17 所示。

图 6-17　输入系统密码标准验证

系统运行后，本地服务器端成功读取远程桌面，如图 6-18 所示。

在本地服务器端，可进行远程操作远程客服端电脑上的光纤数据采集系统，如图 6-19～图 6-22 所示。

图 6-18　成功读取远程桌面

图 6-19　远程操作光纤数据采集系统

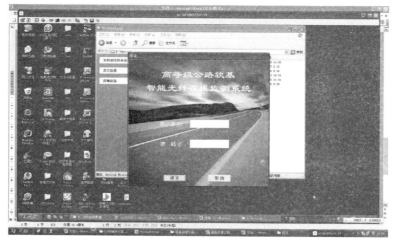

图 6-20　远程登录光纤数据采集系统

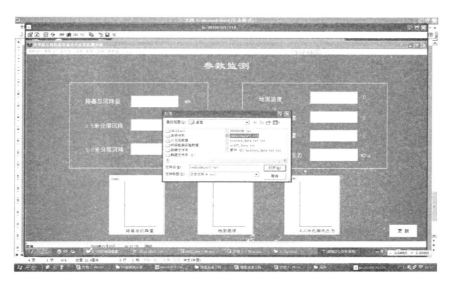

图 6-21　远程打开光纤数据文件

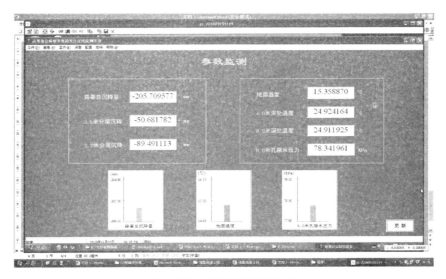

图 6-22　远程读取光纤数据

第7章 公路软基施工常规仪器监测与工程应用

为了将开发的新型软基智能光纤远程监测系统应用于工程实践,实现软基施工及工后监测过程的智能化和信息化,我们将该研究成果在江西省环鄱阳湖区域德昌高速公路软基加固试验段进行推广应用,通过工程实践应用,将监测结果与常规仪器软基监测结果进行对比,证明了该监测系统可靠且运行稳定。

7.1 工程概况

德昌高速公路是规划的江西省高速公路网的重要组成部分,也是国家高速公路网国道主干线杭瑞高速公路和沪昆高速公路之间的横向地方加密高速公路。项目于2008年11月获得江西省发展和改革委员会批准立项,列入江西省重点公路基本建设计划,路线起点位于江西省上饶德兴市北新岗山镇,接正在运营中的德(兴)至婺(源)高速公路,往东与浙江省境内的"杭(州)千(岛湖)景(德镇)"高速公路相连。路线往西途经德兴市、乐平市、在万年县境内跨皖赣铁路及景(德镇)至鹰(潭)高速公路,至鄱阳县、余干县、跨信江河进入南昌市进贤县境内,在金溪湖设置特大桥进入南昌县境内,共经过上述三个设区市的8个县(市、区),路线终点位于南昌市高新区麻丘镇的昌东枢纽互通收费广场终点处,路线总长约204.0km,项目总投资约为97.89亿元。主体工程于2009年7月全线开工,项目已于2011年9月16日全线通车。

德昌高速公路的兴建将大大缩短省会南昌市以及赣东北地区与江浙沪地区的行车距离,构成我国中部地区东西向又一条快速通道,有效缓解沪昆高速公路江西段梨温高速公路的行车压力。推动江西经济发展,改善赣东北地区的出行条件,进一步完善江西省高速公路路网密度。

7.2 工程位置

路线起点位于江西省上饶德兴市北新岗山镇,路线往西途经德兴市、乐平市,至鄱阳县、余干县、跨信江河进入南昌市进贤县境内,在金溪湖设置特大桥进入南昌县境内。本项目软土地基位于靠近南昌县,地处平原及鄱阳湖水网地带,项目以西近30.0km为低洼沼泽软弱地基路段,CFG桩复合地基综合试验工程段选在D10标段,具体地理位置如图7-1所示。该试验段地处南昌市进贤县内,位于南昌市东外环高速公路与进贤县军山湖之间,地形平坦,地势开阔。

图 7-1　试验段地理位置示意图

7.3　地质环境条件

7.3.1　气象、水文

路线区内地表水系发育，大小沟渠纵横遍布，周边还分布有众多大小不一的湖泊和河流，均属于鄱阳湖水系。地表水系既与抚河密切联系，又与鄱阳湖息息相关，河湖水体相互影响。路线区内地表水、地下水主要受鄱阳湖和抚河控制。

路线区属于中亚热带季风气候，全年气候温和，四季分明，日照充足，雨量充沛，降雨集中在 5～8 月份，年降雨量 1596mm，年平均气温 17.5℃，7 月平均气温 29.5℃，1 月平均气温 5.0℃，极端最低气温－9.3℃，极端最高气温 40.6℃，无霜期 279 天。

7.3.2　地形地貌

德昌高速公路 D 段路线大致呈东西走向，路线位于鄱阳湖盆地抚河冲积平原，地形平坦开阔，地面高程在 14.0～16.0m 之间，地表多为水田，路线在里程桩号 K192＋800～K193＋400 处跨越抚河。

7.3.3　地层岩性

根据地质调绘、工程地质钻探揭露及区域地质资料分析，沿线揭露到的地层为白垩系上统南雄组（K_2n）和第四系上—中更新统（Q_{3-2}）、全新统（Q_4），如图 7-2 所示。现将各地层岩性特征由老至新分述如下：

（1）白垩系上统南雄组（K₂n）

本套地层在整个路线区内分布广泛，一般上覆有厚度大于 30.0m 的第四系堆积物，基岩面大致由东往西倾斜。岩性主要为紫红色的泥质粉砂岩、泥岩，泥质胶结为主，中厚层状构造，岩性软硬不均，岩体较完整。

（2）第四系上—中更新统（Q₃₋₂）

该层在整个路线区内广泛分布，下伏于全新统之下，为冲积成因。具有二元结构或正韵律的振荡结构，上部为棕黄夹褐色、红黄色黏性土，多具网纹状构造，可塑—硬塑状，厚度由东往西逐渐减小，一般大于 5.0m，下部则为棕黄色砂砾卵石层，较密实，厚度一般大于 20.0m。

（3）第四系全新统（Q₄）

该层分布于 K192+210 之后的路段，属于冲湖积成因。岩性为褐色软—可塑状黏土和灰色、灰绿色软土—流塑状淤泥质土，局部夹薄层松散砂，厚度 1.0～7.0m 不等。

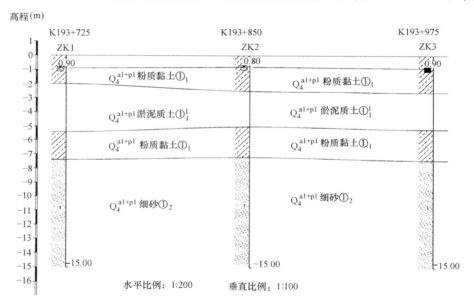

图 7-2　试验段工程地质剖面图

7.3.4　地质构造

路线地处鄱阳湖盆地河流冲积平原，第四系覆盖物厚度一般大于 30.0m，地表没有构造痕迹。下部基岩主要为白垩系上统南雄组沉积碎屑岩建造，厚度巨大，大型构造主要发育在沉积基底—双桥山群岩体内，对公路工程建设影响不大。

7.4　软基常规监测方案

为验证光纤光栅位移传感器监测软基沉降等各项指标的正确性和可行性并与常规监测结果进行比较，本节先简要介绍现场采用常规的监测方法对软基加固和路堤填筑过程进行监测的情况。软基加固对比试验监测技术路线如图 7-3 所示。

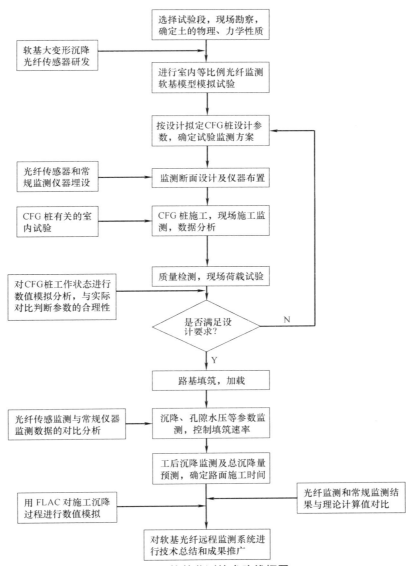

图 7-3　软基监测技术路线框图

7.4.1　试验段的选择

试验段选择在全线淤泥深、填土较高、各项条件均具有代表性的路段进行，试验段软基采用粉喷桩和 CFG 桩进行加固处理，各取 300.0m 进行进行监测断面的布设；粉喷桩设计参数：桩径 0.5m，桩距为 1.5m，呈等腰三角形布设，水泥掺量为 12%～15%。CFG 桩设计参数：桩直径 0.4m，桩距按三种进行布设（1.5m，1.8m，2.0m），各设计 100.0m，正方形布置，桩长和粉喷桩一样，褥垫层对应取 0.4m 进行布设，褥垫层材料选用粗砂。

7.4.2　监测断面及仪器布设

为获得比较全的监测数据，粉喷桩和 CFG 桩每段各选择 3 个断面进行监测，即粉喷桩选 3 个断面，CFG 桩选 3 个断面，一共 6 个监测断面，每个断面的间距建议约 100m。监测仪器埋设平面布置如图 7-4、图 7-5 所示。

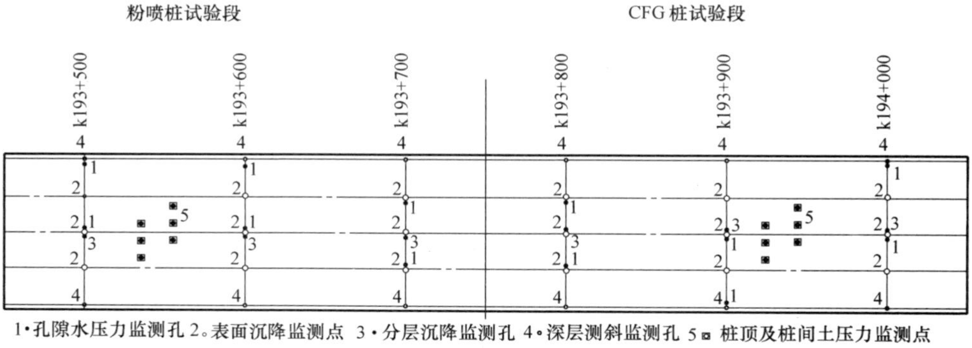

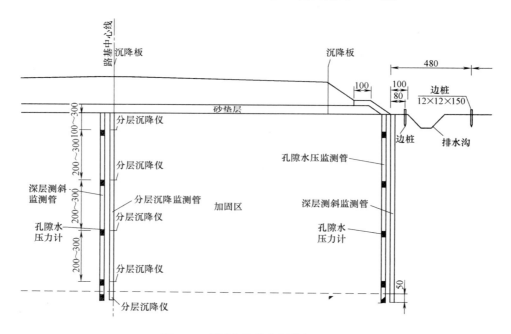

1·孔隙水压力监测孔 2。表面沉降监测点 3·分层沉降监测孔 4·深层测斜监测孔 5▣ 桩顶及桩间土压力监测点

图 7-4　监测断面平面布置示意图（粉喷桩与 CFG 桩）

图 7-5　观测点元件布置横断面示意

桩土应力比是指复合地基中桩顶平均应力与桩间土平均应力的比值，反映了复合地基的工作性状，是复合地基承载力和沉降计算的重要指标。为研究 CFG 桩顶、桩间土的应力随不同桩间距的变化规律，分别在不同 CFG 桩桩间距监测断面路堤中心线位置设置土压力盒，同时为比较 CFG 桩与粉喷桩的桩土应力比随荷载的变化情况，在监测断面 1 处也设置了一组土压力盒进行观测。

7.4.3　监测频率

为了收集到足够多的信息，以便对地基强度增长、变形情况做出比较准确的判断，确保路堤填筑过程（加载）中路基的稳定，必须保证一定的监测频率。根据《公路软土地基路堤设计与施工技术规范》JTJ 017—96 现场监测的要求和本项目研究需要，在不同时期，监测必须按照不同频率进行。本试验段各类测点的监测频率见表7-1。

现场监测频率表

表 7-1

监测时间	沉降及侧向位移	孔隙水压力、土压力
加荷期间及加荷7d内	1次/d	2次/d
加荷后1个月内	1次/2d	2次/d
加荷后6个月内	1次/10d	1次/2d
加荷后6个月后	5次/a	1次/15d

7.4.4 软基监测控制标准

软基的变形及稳定是软基填筑的两个关键，而它又与加载速率紧密相连。在路基施工过程中将对路堤填筑各阶段进行动态跟踪观测，充分利用地基强度增长加载（也即薄层轮加法），通过监测指标控制填土速率，指导填土施工，暂定侧向位移5mm/d，沉降15mm/d为填土控制指标，并根据实测情况调整该项指标，指导后续路段施工。而最终软基处理效果控制指标采用设计提供的要求，同时必须满足交通部规范要求：与桥台衔接处路堤工后沉降小于10cm，与通道、涵洞衔接处路堤工后沉降小于20cm，一般路段工后沉降小于30cm。

7.4.5 监测控制网建立及仪器埋设

1. 测点埋设

根据现场实际施工、周边地形情况及沿线控制点布设情况，加密原有水准高程控制点，建立沉降观测控制网。

2. 各种观测点埋设

(1) 工作基点桩，采用无缝钢管或预制混凝土桩，埋置时要求打入硬土层中不小于3.0m，在软土地基中要求打入深度大于12m。桩周顶部0.5m采用现浇混凝土加以固定，并在地面上浇筑1.0m×1.0m×0.2m的观测平台，桩顶露出平台0.2m。

(2) 校核基点可用无缝管或预制混凝土桩打入至岩层或具有一定深度的硬土层中。

(3) 分层沉降、深层测斜、孔隙水压监测布设：采用钻机在已经处理的地基上开孔到预计压缩层位置以下0.3m，放入导向管，埋设相关传感器如图7-5所示。

(4) 表层沉降板：施工路段地表沉降观测是在褥垫层上埋设沉降板进行观测。沉降板由钢底板、金属测杆和套管组成。保护套管采用PVC套管及小直径混凝土圆管，PVC套管尺寸以能套住测杆并使标尺能进入套管为宜。随着填土的增高，测杆和套管亦相应接高，每节长度不宜超过0.5m，接高后的测杆顶面应略高于套管上口，并高出碾压面高度不宜大于0.5m。

(5) 水平位移边桩布设：埋设直径为0.2m、长度为1m的C20方桩测点，如图7-5所示。

每个监测断面根据监测要求和现场情况埋设监测元件，进行对比试验研究。常规传感器共埋设96套，表面沉降板共18套。

7.5 地表沉降变形监测与结果分析

地表沉降观测是控制填土速率、保证地基稳定的重要措施，是验证设计参数和软基加固效果的一项重要指标。整理了 6 个监测断面地表沉降过程线，如图 7-7～图 7-9 所示，其中断面 1、断面 2 和断面 3 为粉喷桩加固软基监测断面，断面 4、断面 5 和断面 6 为 CFG 桩加固软基监测断面。图 7-6 是沉降观测板埋设与现场观测图。

(a)　　　　　　　　　　　　　　　　　(b)

图 7-6　沉降观测板埋设与现场观测

(a) 沉降板埋设；(b) 现场沉降观测

路堤加载过程：2010 年 1 月 18 日开始填土，2010 年 7 月 1 结束路堤填土，路堤填土高度约 6.7m；2011 年 2 月 20 日开始施工路面垫层、底基层和水泥稳定基层，垫层、底基层和水稳层总厚度约 50cm；2011 年 3 月开始施工路面面层，面层厚度约为 18cm。

根据图 7-7～图 7-9 进行分析，断面 1～断面 3 为粉喷桩加固软基监测断面，根据指数曲线配合法推求的最终沉降量为：断面 1 地表最大沉降为 34.60cm，断面 2 为 34.2cm，

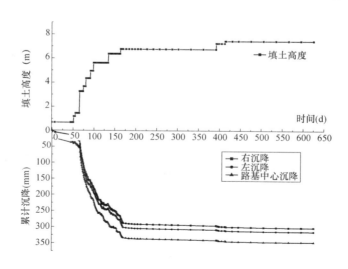

图 7-7　断面 1 地表沉降时程曲线（粉喷桩）

断面 3 为 34.52cm。在填土高度小于 2m 时，沉降量较小，当填土加载增大时过程线出现明显的转折，说明此时桩尖以下土体出现塑性区，土体沉降加快。截止 2010 年 7 月（施工 170 天），地表沉降为：断面 1 地表最大沉降为 23.20cm，平均固结度为 67.2%，残余沉降量为 11.4cm（37.75cm 数值计算最终结果），断面 2 为 23.10cm，平均固结度为 66.7%，残余沉降量为 11.5cm，断面 3 为 22.7cm，平均固结度为 65.6%，残余沉降量为 11.9cm，小于桥头处路面施工控制标准工后沉降大于于 10cm 的要求，此时沉降速率为 1.0mm/d，沉降还没有稳定，不能开始路面垫层及基层的施工。

截止 2010 年 11 月 4 日（约施工 288 天），断面 1 地表最大沉降为 29.2cm，固结度为 84.4%，残余沉降量为 5.4cm；断面 2 为 28.6cm，固结度为 85%，残余沉降量为 5.9cm；断面 3 为 30.1cm，固结度为 86.7%，残余沉降量为 4.5cm。这时三个断面的残余沉降均小于桥头处路面施工控制标准工后沉降需小于 10cm 的要求，此时沉降速率为 0.03mm/d，沉降基本稳定，可以开始路面垫层及基层的施工。

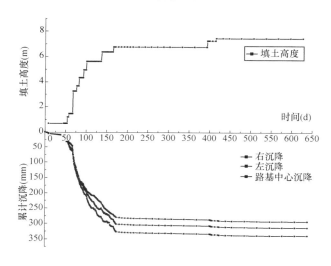

图 7-8　断面 2 地表沉降时程曲线（粉喷桩）

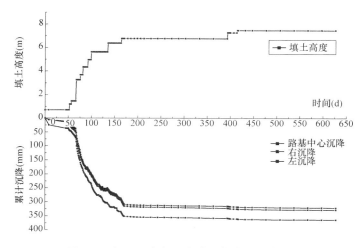

图 7-9　断面 3 地表沉降时程曲线（粉喷桩）

　　粉喷桩加固软基监测断面沉降速率过程曲线如图 7-10～图 7-12 所示。从图中可以看出，随着路堤填筑速度的增加，沉降速率也随之增大，当填土高度达到 2.5m 左右时，土体由弹性状态向塑性区转变，沉降增大，此时填土高度到达临界状态。从沉降速率过程曲线图中看出，在 2010 年 3 月 26 日，沉降速率达到 15.23mm/d，超过了设定的沉降控制标准 10mm/d。这主要是由于施工单位为了抢工期，短期内填土 1.8m，在及时通报给业主和监理单位后，为了确保安全，将填土加载速度进行调整。在后来的施工过程中，填土速度得到了控制，未超过沉降控制标准，沉降速率基本控制在 10mm/d 以内。

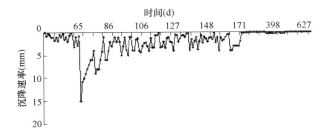

图 7-10　断面 1 沉降速率时程曲线（粉喷桩）

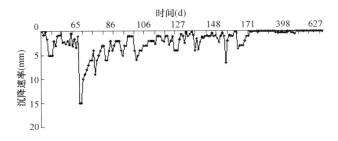

图 7-11　断面 2 沉降速率时程曲线（粉喷桩）

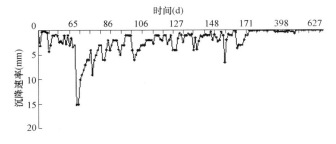

图 7-12　断面 3 沉降速率时程曲线（粉喷桩）

　　根据图 7-13～图 7-15 进行分析，断面 4～断面 6 为 CFG 桩加固软基监测断面。根据实测沉降过程曲线，按三点法推求等路基中心地表最终沉降量为：断面 4 地表最大沉降为 26.3cm，断面 5 为 26.6cm，断面 6 为 27.52cm。由沉降过程曲线看出，截止到 2010 年 8 月 5 日，断面 4 地表最大沉降为 22.9cm，平均固结度为 87%，残余沉降量为 3.4cm，断面 5 为 23.3cm，平均固结度为 88.5%，残余沉降量为 3.3cm，断面 6 为 24.3cm，平均固结度为 84.6%，残余沉降量为 4.2cm，小于桥头处路面施工控制标准工后沉降小于 10cm

的要求，此时沉降速率为 0.06mm/d，沉降已经基本稳定，可以开始路面垫层及基层的施工。

在整个填土过程中，沉降过程曲线在填土高度约为 2.0m 处出现拐点，但不是很明显。在加载最后层填土时，沉降速率并未显著增加，可见 CFG 桩复合地基强度较高，短时间内能承受较大的荷载增量，具有很好的抗变形能力。

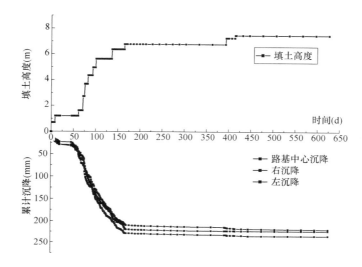

图 7-13　断面 4 地表沉降时程曲线（CFG 桩）

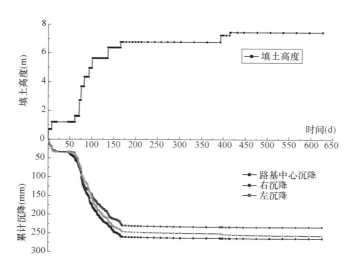

图 7-14　断面 5 地表沉降时程曲线（CFG 桩）

CFG 桩加固软基监测断面沉降速率过程曲线如图 7-16～图 7-18 所示。从图中可以看出，在填第一层土时，沉降速率较大，主要因为表层虚土存在，同样在 2010 年 1 月 19 日，沉降速率到达 12.3mm/d，超过了我们定的沉降控制标准 10mm/d，这主要是施工单位为了抢工期，在短期内填土 1.6m。此后，随着加载速度的控制，沉降速率很快减少，并保持稳定，随着填土高度的逐渐增加，沉降速率逐渐递减，沉降较为均匀，当加载到最

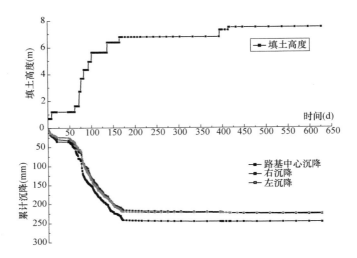

图 7-15　断面 6 地表沉降时程曲线（CFG 桩）

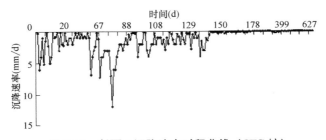

图 7-16　断面 4 沉降速率时程曲线（CFG 桩）

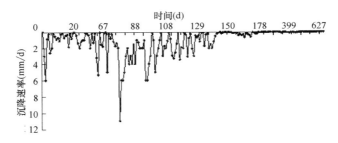

图 7-17　断面 5 沉降速率时程曲线（CFG 桩）

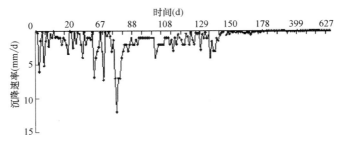

图 7-18　断面 6 沉降速率时程曲线（CFG 桩）

后一层土时,加载速率较大,但沉降速率也没有较大变化,填土结束后,沉降速率基本保持稳定,而且很小,可见 CFG 桩处理后的复合地基有较高的强度,能承受较大的加荷速率,软基加固效果显著。

7.6　地基土分层沉降监测与结果分析

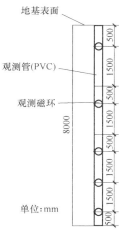

　　进行土体分层沉降观测可以了解加固过程中地基不同深处各土层的压缩情况和变化规律,分析地基有效加固深度以及不同深处地基土加固效果。因此,在加固软基之前,我们在各监测断面路基中心处通过钻孔埋设了分层沉降观测管,分层沉降观测管埋设约为 8.0m,每个 1.5～2.0m,设置一个磁环,按照规定的频率进行观测,具体埋设与现场监测如图 7-19 和图 7-20 所示。

　　在施工过程中监测断面 1、监测断面 4、和监测断面 6 的沉降观测管由于施工原因而损坏,无法进行观测,其余监测断面分层沉降观测管完好。整理三个监测断面的分层沉降管观测资料,绘制分层沉降曲线如图 7-21 和图 7-22 所示。

图 7-19　分层沉降观测管埋设示意图

(a)　　　　　　　　　　　　　　　(b)

图 7-20　地基分层沉降观测管埋设与现场监测

(a) 分层沉降管埋设;(b) 现场监测软基分层沉降

　　图 7-21 和图 7-22 分别是粉喷桩加固软基监测断面 2 和监测断面 3 的分层沉降观测曲线,从图中可以看出,荷载作用下地基土沉降沿深度方向逐渐减少,如监测断面 2,填土高度小于 4.43m 时,地表沉降量为 18.4cm,桩长范围内的压缩量为 6.1cm,占 33.1%,随着荷载的增加,粉喷桩处理过的土体压缩量亦随之增加,且向深度方向发展,粉喷桩下部未处理过的土体沉降量也不断增加。随着荷载的继续增加和时间的延长,下卧层压缩量在总沉降量中的比率逐渐增大。说明粉喷桩能够起到加固土层、提高土体刚度,从而可以减少加固土体的压缩变形作用。

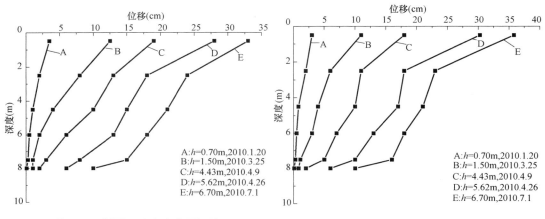

图 7-21　断面 2 路中心分层沉降
变化过程曲线（粉喷桩）

图 7-22　断面 3 路中心分层沉降
变化过程曲线（粉喷桩）

　　图 7-23 为 CFG 桩加固软基监测断面 5 分层沉降变化过程曲线。从图中可以看出以下规律：土体分层沉降随着填土高度的不断增加，地基土体沉降沿深度方向逐渐减少，桩长范围内的沉降变化较为平稳，随着荷载的增加和时间的延长，下卧层压缩量在总沉降量中的比例逐渐增大，说明 CFG 桩能够发挥其高强度作用，提高加固层土体刚度以减少加固土体的压缩变形量，同时能通过桩侧和桩端将上部荷载传递至地基深处，从而加大下卧层变形压缩量。施工期提高下卧层的压缩变形对减少地基工后沉降十分有利。

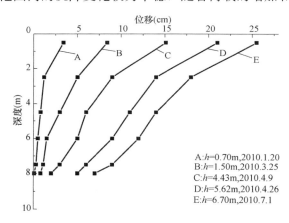

图 7-23　断面 5 路中心分层沉降变
化过程曲线（CFG 桩）

　　对比粉喷桩和 CFG 桩加固软基监测断面的分层沉降变化过程曲线，粉喷桩处理的地基在桩长范围的土体沉降比 CFG 桩加固地基的沉降要大，在施工填土后期，粉喷桩处理的地基下卧层沉降量要比 CFG 桩加固地基的要大，且沉降稳定的时间要长。因此，从上述对比可知，CFG 桩加固软基的效果要比粉喷桩加固的效果要好，特别是在减少工后沉降方面比粉喷桩有优势。

7.7　地基深层测斜监测与结果分析

　　路基坡脚处的边桩只能反映路基边坡处某一点处地表的隆起和水平位移，不能反映地基中不同深度处的水平位移。为了能够检测路基横断面任一点的竖向位移和软基中不同深度处的水平位移，我们利用测斜仪来监测。测斜仪是通过测量测斜管轴线与铅垂线之间的夹角变化量，从而计算出土体沿测斜管轴线方向不同高程的水平位移。

测斜管的埋设如图 7-24～图 7-26 所示，在监测断面的路基边坡脚处通过钻孔，将测斜管埋设至较坚实的岩层。测斜管 2.0m 一节，通过专用接头进行连接，每根测斜管总长度据现场地质情况在 10.0m 左右。由于施工现场原因，监测断面 1 无法埋设。

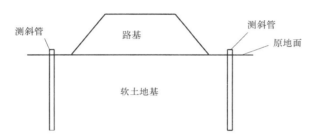

图 7-24　测斜管总体布置图

图 7-25　监测断面测斜管埋设立面图

(a)   (b)

图 7-26　深层测斜管埋设与现场测试

(a) 测斜管埋设；(b) 软基现场测斜

图 7-27～图 7-29 是监测断面 2CX2-1 和断面 3CX3-1 及 CX3-1 粉喷桩加固软基深层测斜侧向水平位移变化曲线。从图中可以看出，土体侧向位移随着荷载增加而增加，同时也逐渐向深度方向发展。通过现场观察，至 2010 年 7 月底，最大侧向位移断面 2CX2-1 为 12.6cm，断面 3CX3-1 为 11.68cm，断面 3CX3-1 为 11.53cm，均发生在地表下 2.5m 处附近，由于其绝对量不是很大，故日位移量较小。因此，土体经粉喷桩处理后，粉喷桩强度比土体强度还是高许多，桩体抗侧向变形能力有很大幅度的提高。

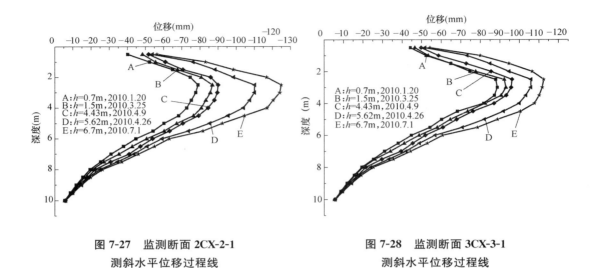

图 7-27　监测断面 2CX-2-1
测斜水平位移过程线

图 7-28　监测断面 3CX-3-1
测斜水平位移过程线

　　图 7-30～图 7-34 为 CFG 桩深层测斜水平位移过程曲线。从图中可以看出，CFG 桩复合地基侧向水平位移随着加载增加，水平侧向位移也不断增加，软土层中发生的位移明显要大些，下卧层水平侧向位移明显很小。截至 2010 年 7 月底，断面 4CX-4-1 水平侧向最大位移为 5.93cm，断面 4CX-4-5 水平侧向最大位移为 5.85cm，断面 5CX-5-5 水平侧向最大位移为 5.76cm，断面 6CX-6-1 水平侧向最大位移为 6.23cm，断面 6CX-6-5 水平侧向最大位移为 6.18cm，均在发生在离地表约 2.5m 处左右，与粉喷桩复合地基水平位移沉降相比，CFG 桩复合地基水平侧向位移要小得多，这说明 CFG 桩侧向抗挤压变形的能力要比粉喷桩效果显著，稳定性好，地基加固效果显著，如在桥头台背加固使用，将会减少土体在荷载作用下对桥台的侧向挤压力。

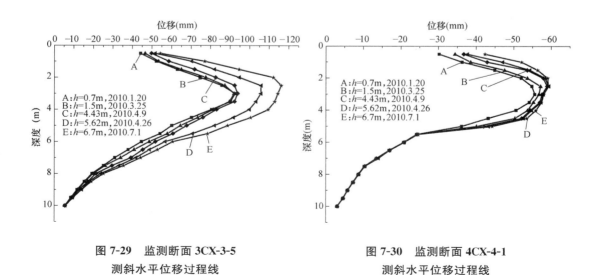

图 7-29　监测断面 3CX-3-5
测斜水平位移过程线

图 7-30　监测断面 4CX-4-1
测斜水平位移过程线

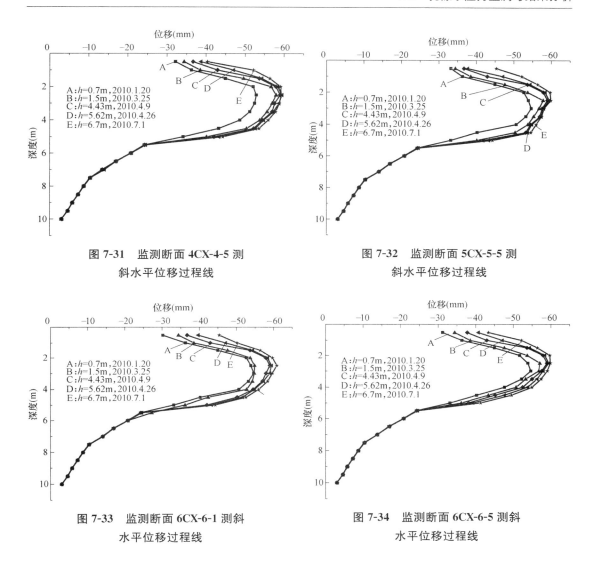

图 7-31 监测断面 4CX-4-5 测
斜水平位移过程线

图 7-32 监测断面 5CX-5-5 测
斜水平位移过程线

图 7-33 监测断面 6CX-6-1 测斜
水平位移过程线

图 7-34 监测断面 6CX-6-5 测斜
水平位移过程线

7.8 孔隙水压力监测与结果分析

通过孔隙水压力的观测，可以掌握外部荷载作用下使地基不同深处土体内产生的超静孔隙水压力的大小、分布以及消散规律，分析地基土的固结状态及强度增长情况，判断加载过程的地基稳定性以控制填土速率。

图 7-36 为粉喷桩加固软基断面孔隙水压力计平面布置图，断面 1 由于施工原因无法布设，在 2 断面的 2 号轴线和 3 号轴线位置各钻孔一个，孔深 6.0m，每个孔按不同的深度各布设了 3 个孔隙水压力计，同样在 3 断面的 2 号轴线和 3 号轴线位置各钻孔一个，每个孔按不同的深度各布设了 2 个孔隙水压力计。图 7-35 为孔隙水压力现场埋设。

孔隙水压力计的编号规则为：KY6-1-04818，KY 为孔压（kong ya）的汉语拼音第一个大写字母；6 表示断面；2 表示轴线位置；孔位 04818，从上到下传感器的编号。孔压计立面布置如图 7-37 所示。

(a) (b)

图 7-35　孔隙水压传感器埋设现场

(a) 常规孔隙水压传感器；(b) 孔隙水压传感器现场埋设

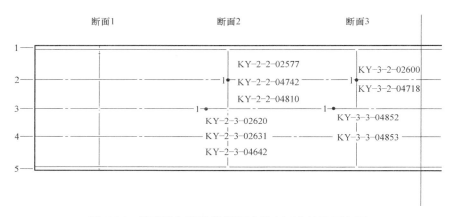

图 7-36　粉喷桩加固软基断面孔隙水压力计平面布置

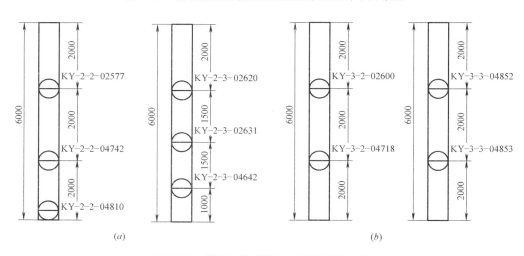

(a) (b)

图 7-37　断面 2 和断面 3 孔压计立面布置

(a) 断面 2 孔压计立面；(b) 断面 3 孔压计立面

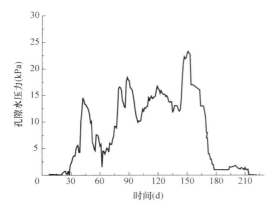

图 7-38　断面 2 孔隙水压变化曲线
（孔压计编号：KY-2-2-04810）

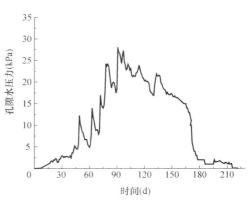

图 7-39　断面 2 孔隙水压变化曲线
（孔压计编号：KY-2-2-04742）

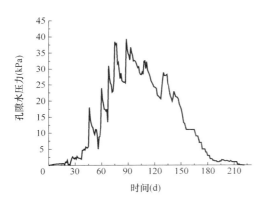

图 7-40　断面 2 孔隙水压变化曲线
（孔压计编号：KY-2-2-02577）

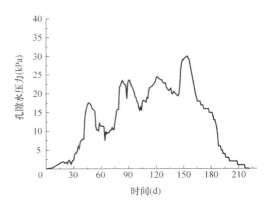

图 7-41　断面 2 孔隙水压变化曲线
（孔压计编号：KY-2-3-04642）

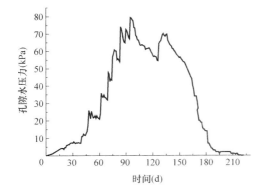

图 7-42　断面 2 孔隙水压变化曲线
（孔压计编号：KY-2-3-02631）

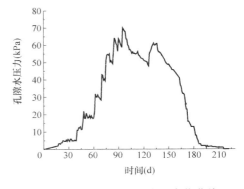

图 7-43　断面 2 孔隙水压变化曲线
（孔压计编号：KY-2-3-02620）

图 7-38～图 7-40 为粉喷桩监测断面 2 路肩处 2 号轴线钻孔中孔隙水压力变化曲线，图 7-41～图 7-43 为粉喷桩监测断面 2 路中心处 3 号轴线钻孔中孔隙水压力变化曲线，从

图中可以看出，开始观测时初始孔隙水压力不为零，分析其原因主要是粉喷桩施工和埋设孔隙水压力计时钻孔及压入传感器而会产生超孔隙水压力。

从图中看出，随着荷载的增加、停歇，孔隙水压力呈现有规律地增长和消散，反应十分灵敏。如图 7-40 孔压计 KY-2-2-02577 变化曲线可以看出，当填土荷载增加，超过土体的前期固结压力时，孔隙水压力显著增加，曲线出现明显的转折，这一现象同样说明路基的应力状态发生改变，局部出现塑性区。此外，路中心处的 3 号轴线处孔隙水压力要比路肩处 2 号轴线处的平均孔隙水压力稍大，这主要与路基上部荷载的大小相关，路中心处的荷载要比路肩处的填土大许多。

上述观测的结果主要是路基在填土阶段孔隙水压力变化情况，符合一般性规律。图 7-44～图 7-47 是粉喷桩监测断面 3 孔隙水压力变化曲线，变化情况与断面 2 相似。

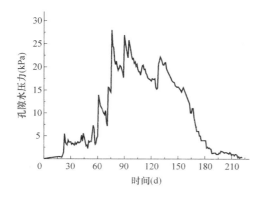

图 7-44　断面 3 孔隙水压变化曲线
（孔压计编号：KY-3-2-04718）

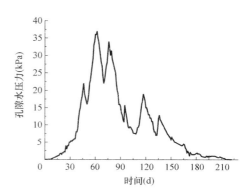

图 7-45　断面 3 孔隙水压变化曲线
（孔压计编号：KY-3-2-02600）

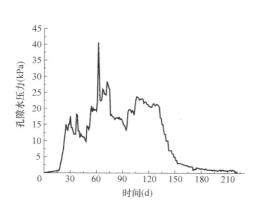

图 7-46　断面 3 孔隙水压变化曲线
（孔压计编号：KY-3-3-04853）

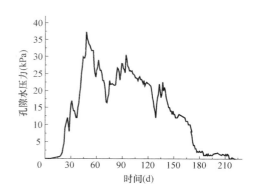

图 7-47　断面 3 孔隙水压变化曲线
（孔压计编号：KY-3-3-04852）

图 7-48 为 CFG 桩加固软基断面孔隙水压力计平面布置图。断面 4 在路基处钻一个孔，埋设了 2 个孔隙水压力传感器，断面 5 在路基中心处钻一个孔，埋设了 3 个孔隙水压力传感器，断面 6 在路肩和路基中心处各钻一个孔，分别埋设了 2 个孔隙水压力传感器。孔隙水压力传感器埋设立面图 7-49 和图 7-50，图 7-51～图 7-54 为 CFG 桩处理软基监测断面孔隙水压力过程变化曲线。

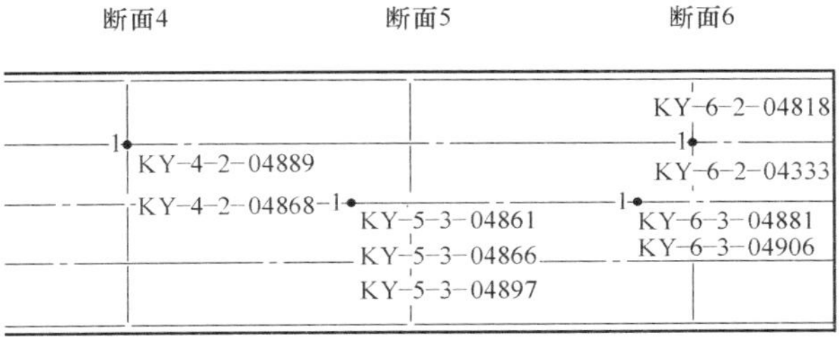

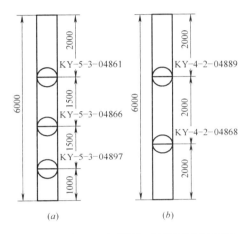

图 7-48 CFG 桩加固软基孔隙水压力埋设平面布置

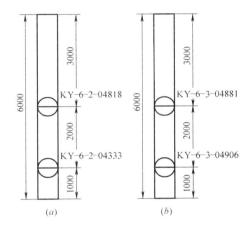

图 7-49 断面 4 和断面 5 孔隙压力计埋设
立面（单位：mm）
（a）断面 5 （b）断面 4

图 7-50 断面 6 孔隙压力计埋设立面
（单位：mm）

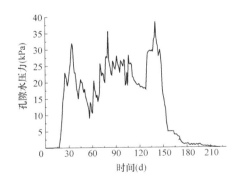

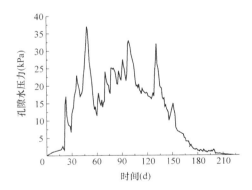

图 7-51 断面 5 孔隙水压变化曲线
（孔压计编号：KY-5-3-04868）

图 7-52 断面 5 孔隙水压变化曲线
（孔压计编号：KY-5-3-04861）

图 7-51～图 7-54 为 CFG 桩处理软基监测断面 5 和断面 6 孔隙水压力变化过程曲线。由于施工原因或其他原因，其余孔隙水压力传感器已坏。从图中可以看出，各测点超静孔压力随荷载变化规律性较好，能够很好地反映填土加载过程的压力变化情况，同时至上而

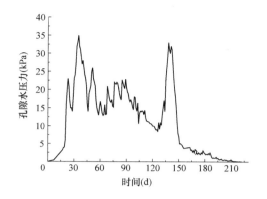

图 7-53　断面 6 孔隙水压变化曲线
（孔压计编号：KY-6-3-04881）

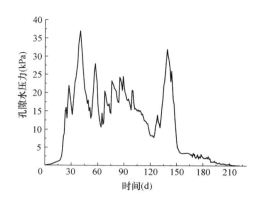

图 7-54　断面 6 孔隙水压变化曲线
（孔压计编号：KY-6-3-04906）

下，最大孔压力依次增大。断面 5 处，中心孔 2.0m 深处（KY-5-3-04861），最大孔压为 76.0kPa，4.0m 深处（KY-5-3-04868），最大孔压为 56.0kPa；断面 6 处，中心孔 3.0m 深处（KY-6-3-04881），最大孔压力为 49.1kPa，中心孔 5.0m 深处（KY-6-3-04906），最大孔隙水压力为 65.2kPa。说明荷载产生的附加应力沿深度方向向下传递，因而桩体下半部压缩量比上半部压缩量要大。

对比粉喷桩加固区和 CFG 桩加固区监测的孔隙水压力，发现粉喷桩的孔隙水压力最大值要比 CFG 桩的孔隙水压力值要大，这说明粉喷桩加固区的沉降量要比 CFG 桩加固区沉降量要大，而且 CFG 桩处理区的孔隙水压力的消散要比粉喷桩加固区的孔隙水压力消散要快，说明 CFG 桩加固区的稳定时间要比粉喷桩加固区稳固时间要短。

第8章 公路软基智能光纤监测系统工程应用

为了将开发的新型软基智能光纤远程监测系统应用于工程实践，实现软基施工及工后监测过程的智能化和信息化，我们将该研究成果在江西省环鄱阳湖区域德昌高速公路软基加固试验段进行推广应用，通过工程实践应用，将监测结果与常规仪器软基监测结果进行对比，证明了该监测系统是可靠的，系统运行稳定。

本章将以江西德昌高速公路软基试验段为工程应用背景，详细介绍了公路软基智能光纤监测系统的工程应用情况。

8.1 软基光纤监测系统

8.1.1 软基光纤监测方案

本次软基沉降监测在研究断面上共布置了四个监测孔，分别监测软土路基总沉降、3.5m、5.0m、8.0m分层沉降，光纤传感网络布设如图8-1所示，解调仪器选用了美国MOI公司产的Si 425-500型解调仪，该解调设备解调精度高（1pm），性能稳定，具有一定防潮、防尘能力，适合在恶劣环境下进行监测，解调波长范围为1520～1570nm，足以满足本次软基监测系统测试要求。

根据《公路路基施工技术规范》JTGF 10—2006要求，本次监测频率原则为每填筑一层至少观测一次；如果两次填筑间隔时间较长时，每3d至少观测一次；路堤填筑完成后，半月观测一次；由于光纤监测自动化程度高、现场取数容易，在整个软基填筑施工期（2010年1月至2010年7月）内，坚持每天读取存储数据一次。

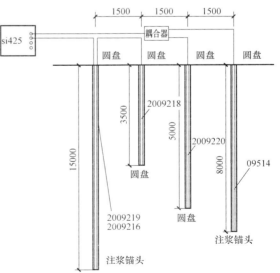

图8-1 公路软基光纤传感网络布设图

8.1.2 光纤光栅解调仪

本项目的光纤光栅解调仪采用美国微光光学公司（Micron Optics）生产的Si 425型采集仪，如图8-2所示，Si 425型解调仪是一个大功率、高速度、多传感器的测量系统，主要为力学传感应用进行改进。使用了Micron Optics专利技术校正波长扫描激光器，Si 425型解调仪具有高功率快扫描（达250Hz），4根光纤上可连多达512

图 8-2　SI425 型解调仪

个传感器。它是一个完善系统，具有扫描光源，向 FBG 通光 4 个探测器，可同时测量每根光纤反射回的光信号。

Si 425 型调制解调仪的特点如下：

（1）四个通道，大功率扫描激光光源，同时监测多达 512 个传感器；

（2）使用灵活，适合于张力，温度和压力等多种测量，在一根光纤上可以接入多个传感器；

（3）所有通道的全部传感器以 250Hz 频率同时扫描；

（4）无需校准。Si425 型采集仪在每次扫描时会自动校准；

（5）分辨率小于 1pm，可重复性 2pm；

（6）内置单板机，彩色显示；

（7）标准以太网接口，使数据通信容易，便于 TCP/IP 远程控制；

（8）机架式安装。

Si 425 系列产品共有 3 个型号，其产品技术参数见表 8-1。

Si 425 型光纤光栅解调仪技术参数　　　　　表 8-1

Si 425	500	300	200
光学指标			
光学通道数	4(8 或 16 可选)	2	1
每通道最大传感器数量	128	64	32
波长范围	1520～1570nm(1510～1590nm 可选)		
稳定性	2pm	2pm	2pm
重复性	0.5pm at full speed，0.05pm with 250 averages		
典型光栅要求	切趾反射率>90%，带宽<0.25nm		
动态范围	25db	15db	15db
扫描频率	250Hz	100Hz	50Hz
光学接头	FC/APC	FC/APC	FC/APC
电气特性			
电源供应	24VDC 或 100－240VAC		
外部数据传输接口	以太网	以太网	以太网
机械特性			
彩色显示屏	是	是	否
工作温度(℃)	10～40		
储存温度(℃)	－20～70		
外形尺寸(mm)	133×432×451		
可选配置	内置 80G 硬盘		

注：传感器数量大于 100 支时，频率为 125Hz。

8.2 光纤光栅位移传感器安装埋设

8.2.1 传感器组装

光纤光栅位移传感器必须在现场安装。如果操作空间允许，可以在地面组装光纤光栅位移计的测杆。如果操作空间紧张，就必须在孔口进行测杆的安装。两种安装方式都要使用安全绳，以便必要时可将测杆拉回。

（1）地面组装

这种方法最容易，应尽可能使用。测杆要完全组装（传感器除外）并固定灌浆管，同时每隔一定的距离安装支撑环，并用胶带绑扎固定。

在钻孔附近停一辆吊车或搭设支架，然后，装好安装工具，将位移计起吊向下放入钻孔中。起吊位移计时，可保持最小挠曲半径 3.0m，以防钢杆的永久弯曲，影响传感器的正常工作。光纤光栅大变形位移传感器地面组装如图 8-3 所示。

图 8-3　光纤光栅大变形位移传感器地面组装

（2）孔口组装

孔口组装要求组织严密。有时可能要从最深的锚头开始，将每个锚头或连杆逐根组装或安装，同时做好测杆编号标记，以防混淆。每个锚头都要绑有安全绳。灌浆管也可固定在锚头上。

（3）测杆及基座组装

测杆与基座及其排气管也可以在安装前预装，这不但可克服施工场地狭小与不便，还可以成倍提高工效。测杆与基座组装如图 8-4 所示。

这里需要说明的是，支撑环多用于最浅的锚头深度大于 5.0m 以上的安装，实践证明当使用支撑环后并不利于测杆的贯入，特别是孔壁不太光滑的时候将带来较大的阻力。故通常不选用这种配件进行安装。

（4）灌浆管与排气管安装

可以根据灌浆的要求自备合适直径的灌浆管。根据钻孔方向固定灌浆管与排气管。一

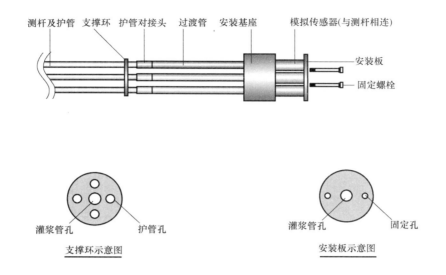

图 8-4 测杆与基座的组装

般情况下，如果钻孔方向向上或斜向上的钻孔，可不安装灌浆管或灌浆管深入孔口 5.0m
或至孔深的一半，排气管则深入孔底（注意在排气管底端 0.1m 段钻一些小孔利于排气）。
对于水平孔或斜向下及正垂向下孔，灌浆管需深入孔底（较最深的锚头长约 1.0m），排气
管可不安装或仅深入基座 0.1m 即可。

灌浆管可从仪器基座与钻孔孔壁间的缝隙引出。对于钻孔方向向上的情况，需要对孔
口进行必要的封堵，然后再灌浆封孔。灌浆管与排气管安装如图 8-5 所示。

如有必要，在钻孔附近使用吊车或搭设支架，然后，装好安装工具，将位移计起吊，
向下放入钻孔中。起吊位移计时，可保持最小挠曲半径 3m 以防止测杆的永久折断或
损伤。

（5）灌浆

灌浆材料必须使用现场工程师指定的材料，推荐的水灰比为 1：0.5。在灌浆前，首
先要将灌浆管路用水泵注入清水，以降低管壁的摩擦，便于灌浆的顺利进行。

沿孔向下灌浆：对于垂直或倾斜的向下孔，通常一根灌浆管就足够了（参见图 8-5），
但是为防止管路堵塞或需要二次灌浆，可事先设第二根灌浆管，从灌浆保护管外侧引出孔
口。将第二根管端部用胶带或其他固定材料固定在底部锚头旁。安装测杆的时候，将配管
拉入孔中。将短的灌浆管用胶带粘在安装基座以下大约一半长处的一根管上。当使用长的
灌浆管出现问题时，就可以使用这根备用管。

沿孔向上灌浆：向上灌浆的孔在安装测杆时，可参照图 8-5 设置第二根灌浆管，第二
根灌浆管长 1.5m 为宜，均从灌浆套管外侧引出孔外。假设第一根灌浆管的目的是进行灌
浆封孔，用第二根灌浆形成灌浆塞，以封堵孔口。此种方法适用于向上钻孔较深，灌浆压
力较大的情况。具体见下面说明。

测杆安装完毕后，用浸泡在速凝水泥中的材料密封灌浆保护管周围。然后用泵将速凝
水泥浆从第二根灌浆管注入钻孔，以形成封闭塞，并留出时间让封闭塞硬化。

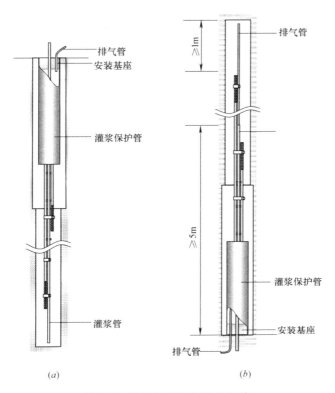

图 8-5　灌浆管和排气管的安装
(*a*) 向下、水平或斜向下的安装；(*b*) 向上或斜向上孔的安装

最后用泵将水泥浆从第一根灌浆管注入钻孔。当灌浆从通气管返回，说明钻孔已经完全灌满，将管折过来并用绳扎紧。

灌浆压力：为保证灌浆的效果，灌浆（在孔口处）压力应控制在≤0.5MPa，但是如果向上灌浆，则压力可根据孔深适当增大。

（6）工具和材料

安装前须准备下列工具或材料，除 PVC 胶及后两项外也可向厂家联系选购：卷尺、钢锯、钢丝钳（用于测杆的连接）、PVC 粘合剂（用于 PVC 管的粘接）、LOCTITE－271 螺纹锁固剂（选配件，用于金属螺纹的连接）、5 寸活动扳手、尼龙绳（或等同物，抗拉强度为 150～200kg）、灌浆管、灌浆搅拌器或灌浆泵、速凝水泥或灌浆。沿孔向上安装时，还要有填塞钻孔的材料，如棉纱等。

8.2.2　测杆及其保护管组装

（1）测杆、首保护管与锚头的连接

测杆、首保护管与锚头的连接如图 8-6 所示，本步骤可以在工厂完成。

1）所需部件：带 PVC 接头的锚头、测杆、PVC 首保护管。图 8-6 所示为灌浆锚头，液压锚头和压紧器锚头的组装与其类似；

2）将测杆带公扣端涂抹少量（一滴即可，不宜过多）LOCTITE-271 螺纹锁固剂，然后将它插入锚头上拧紧；

3）将保护管套进测杆，在待连接的端部涂抹 PVC 粘合剂；

4）将首保护管插入锚头上的接头中。

（2）连接测杆与保护管连接

连接测杆与保护管连接如图 8-7 所示。具体步骤如下：

1）所需部件：测杆、保护管；

2）将测杆有外螺纹的一端涂抹少量 LOCTITE－271 螺纹锁固剂；

3）把它旋在上一测杆连接端上拧紧；

4）将要连接的下一 PVC 保护管套进测杆，并在结合面上涂抹足量的 PVC 粘合剂；

5）插进上一节保护管接头，并做少许旋转使粘合剂充分融合；

6）重复上述步骤直至达到测杆所需长度。竖直或倾斜方向钻孔上的安装可配合专用工具（选装件或自制）同步进行。

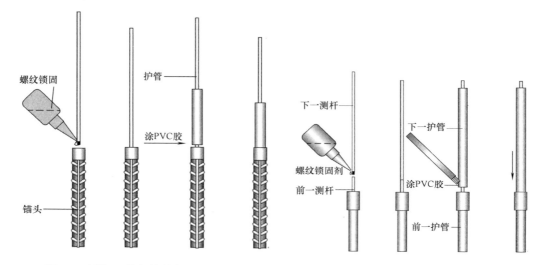

图 8-6　测杆、首保护管与锚头的连接　　　　图 8-7　连接测杆与保护管连接

（3）连接安装基座上的过渡管连接

基座上的过渡管连接安装如图 8-8 所示。具体步骤如下：

1）所需部件：安装基座、过渡管、护管对接头；

2）截取最后一段保护管，以量程为 100mm 传感器为例，使其末端端部位于连杆上端顶部以下 170mm 处的位置（若为 50mm 传感器则类似，仅供参考），如图 8-8 所示，其预留的长度与安装时是否预留压缩量有关，安装原则是测杆端头部的位置既能保证传感器有足够的活动空间，又能与模拟传感器连接，通常厂家可提供相匹配的模拟传感器（选配）供安装使用；

3）将过渡管与基座连接，连接螺纹处应涂抹 PVC 胶，然后将其旋入安装基座的对应孔内；

4）将测杆插入过渡管，并在末端护管头部涂抹适量 PVC 胶；

5）将护管插入对接头压紧；

6）所有测杆安装到位后，将模拟传感器与测杆相连接，并安装板。

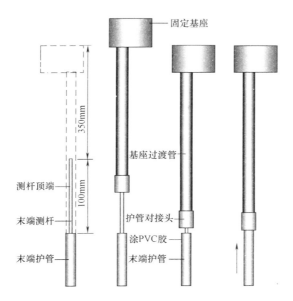

图 8-8 连接安装基座上的过渡管连接

（4）支撑环的安装

支撑环的安装如图 8-9 所示。支撑环主要用于测杆保护管、灌浆管或排气管的径向定位，以避免测杆的交叉扭曲，同时也具有使各管均匀分布在孔中的作用。

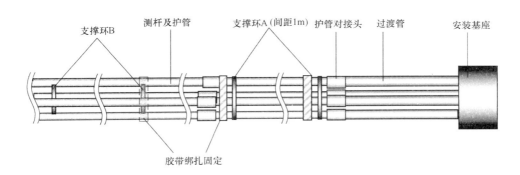

图 8-9 支撑环的安装

支撑环有两种，如图 8-10 所示，其中支撑环 A 仅用于靠近测头端的一端，每套用 2 个即可；支撑环 B 用于其他段，用量根据需要确定。在支撑环位置处应采用胶带或其他绑扎材料将其固定。

这里引起注意的是，并非所有的安装都需要使用支撑环，通常在 3 根以上的保护管处可使用支撑环，因为 2 根或 1 根保护管上设置支撑环时，在将测杆组件推入钻孔中时，可能会带来阻碍安装的影响。如果认为有足够的把握，也可不使用支撑环。

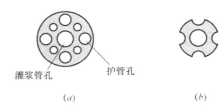

图 8-10 两种支撑环

（a）支撑环 A；（b）支撑环 B

（5）安装模拟传感器

模拟传感器的安装如图 8-11 所示。

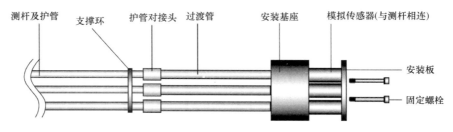

图 8-11 安装模拟传感器

模拟传感器是按照真实传感器的外形制作的一套安装工具，它配合安装板，可以方便地实现测杆定位及聚中，有利于电测传感器的安装。它必须在测杆与安装基座完成后进行，在灌浆完成后拆除。注意它与测杆的连接是临时的，故连接处不可涂抹螺纹锁固剂或其他粘接材料。

模拟传感器安装就位后，需要将安装板压在模拟传感器上，并用螺栓固定。然后进行孔的封堵及灌浆工作。

模拟传感器为选购配件，其实质为以外形与真实传感器一致的实心金属杆，也可自制。

8.2.3 传感器基座组装

传感器基座由基座总成与保护罩组成。传感器基座上的部件如固定锚、O 形环、保护罩连杆及光缆等均已在工厂预安装。

一般情况下不要拆卸这些部件，以免影响防水效果。光缆的引出长短可按要求订制；传感器基座在出厂时与安装基座配对，尽量不要混用。通常耐高压型产品的光缆引出孔均在传感器基座上。

传感器基座的部件如图 8-12 所示。

8.2.4 传感器基座固定

为保证软土路基沉降监测数据的真实性，首先必须保证传感器基座与周边土层位移保持高度一致，同时，我们知道土体是松散的颗粒，整体性较差，所以

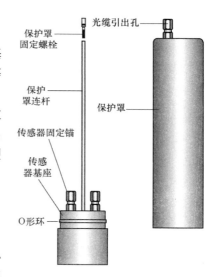

图 8-12 传感器基座

传感器基座与松散颗粒土体之间的固定是光纤监测技术运用到高等级公路路基沉降监测中的又一难题，这里我们采用了在光纤传感器上加设一个圆盘的方法，圆盘如图 8-13 所示。

位移传感器基座安装在离孔口 2.0～3.0m 处，其下端与测杆连接，上部与传感器保护罩相连，传感器保护罩里面是封装好的位移传感器，传感器保护罩上部通过联接测杆与一个大直径的圆盘联接，为保证软基沉降位移全部传递到位移计上，圆盘直径的大小必须取值合理，如果圆盘直径太大会带来现场埋设的困难，圆盘太小则无法保证地基土层与基

座发生位移的同步性，甚至会在光纤传感器自身的弹簧收缩力下发生移动，影响测量精度。因此，这里有必须对圆盘的受力进行分析，以确定圆盘直径大小。根据上述对圆盘的受力分析，建立圆盘的力学计算模型，如图 8-14 所示。

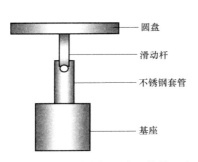

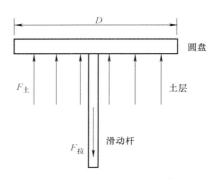

图 8-13　基座与周边土体的固定　　　　图 8-14　圆盘受力分析模型

在图 8-14 圆盘计算模型中，假定圆盘的直径为 D，位于监测土层的表面，受到土体的支撑力 $F_\pm$ 和光纤传感器的弹簧的拉力 $F_{拉}$，当土层不发生沉降时，圆盘要发生位移，只有滑动杆的拉力 $F_{拉}$ 大于土体的支撑力 $F_\pm$，此时，土体的支撑力 $F_\pm$ 计算式如下：

$$F_\pm = 0.25\pi D^2 E_s D \tag{8-1}$$

式中，$F_\pm$ 为土体的支撑力；D 为圆盘的直径，取值 20cm 进行验算；E_s 为土体的压缩模量，可取值 8MPa。

土层不发生沉降，圆盘发生向下位移需要克服土体支撑力的大小计算如下：

$$F_\pm = 0.25 \times 3.14 \times 0.22^2 \times 8 \times 10^6 = 251200(\text{N})$$

此时，光纤传感器的最大拉力 $F_{拉}$ 可用下式表示：

$$F_{拉} = k \times L \tag{8-2}$$

式中，$F_{拉}$ 为光纤传感器弹簧的拉力；k 为传感器弹簧弹性系数，取值 100N/m；L 为传感器弹簧的拉伸量，最大值可取 60cm。将上述参数代入式（8-2），计算出光纤传感器的最大拉力 $F_{拉}$ 为：

$$F_{拉\max} = 100 \times 0.6 = 60(\text{N})$$

通过上述计算分析可知，土体的支撑力 $F_\pm$ 远大于光纤传感器的拉力 $F_{拉}$，所以，当圆盘直径不小于 20cm 时，只有土体自身发生沉降，圆盘才会发生位移，也就是说，圆盘的位移量就是土层的沉降量，所以我们在土层中埋设光纤位移计时，圆盘直径大于 20cm 完全可以保证监测的沉降数据不失真。

8.2.5　安装传感器

（1）传感器安装步骤

传感器的安装如图 8-15 所示，一般分为如下几个步骤：

1）所需部件：光纤光栅位移计。注意传感器的安装是整个安装过程的最后一部，必须所有灌浆和围绕着钻孔的工作都已完成；

2）传感器滑动杆与外筒间严禁扭转，否则将损坏传感器。在安装时应检查滑动杆上的定位销，定位销应落入定位槽；

3）将传感器插入安装孔，待其达到测杆连接点后，将传感器向连接方向施加一定压力顺时针旋入测杆顶部的连接孔中。注意连接时不可使用螺纹锁固剂，以防在更换传感器或维修调试时带来困难；

4）将光纤光栅位移计与解调仪连接；

5）上下移动传感器，直至达到指定初始读数，此数值一般为量程的 25 ％左右（即预留压缩量）；

6）将传感器固定锚上的螺帽用扳手拧紧，注意用力不可过紧；

7）安装下一支传感器直至完毕；

8）将传感器光缆引线与输出光缆相连接；

9）再次读数确认传感器是否正常，否则应检查光缆是否接错或遗漏；

10）安装传感器保护罩，并拧紧固定螺栓。

（2）传感器接线

1）将光缆穿入保护罩，注意保护罩口的方向；

2）所提供的传感器为短引线；

3）温度传感器也可能在制造过程中安装在传感器基座上或配套光缆的端部；

4）传感器有带测温功能与不带测温之分；

5）在保护罩上带有光缆，视测点的数量而定，最多可接 6 支传感器。

（3）安装保护罩

传感器与光缆连接完成后，即可安装传感器的保护罩，将保护罩上的光缆引出，孔上的锁紧螺丝松开，同时将保护罩缓慢推到基座上，注意不要损伤密封圈，拧到位后用保护罩固定螺栓将其固定。

将光缆往保护罩内稍稍推入一部分，最后将光缆锁紧螺锚，用扳手拧紧。光纤位移计安装如图 8-16 所示，软基光纤光栅大变形传感器现场安装埋设如图 8-17 所示。

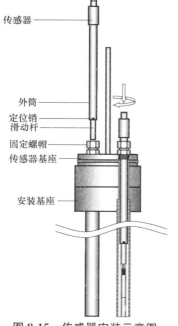

图 8-15　传感器安装示意图

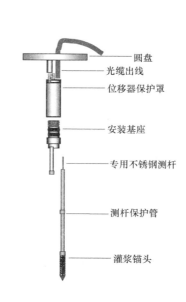

图 8-16　软基光纤光栅大变形位移计安装示意图

(a) (b)

图 8-17 软基光纤光栅大变形传感器现场安装埋设图

(a) 光纤光栅大变形位移传感器安装；(b) 光纤光栅大变形位移传感器埋设

8.3 光纤光栅渗压传感器安装

8.3.1 光纤光栅渗压传感器

渗压传感器采用北京基康公司生产的 BGK-FBG-4500S 型光纤光栅渗压计，该渗压计主要用于长期测量测压管、钻孔、堤坝、管道和压力容器里的液体及孔隙水压力，其性能非常优异，其主要部件均用特殊钢材制造，有足够的强度，适合各种恶劣环境安装使用，特别是在完善光缆保护措施后，可直接埋设在对仪器要求较高的碾压土中。

该仪器中有一个灵敏的不锈钢膜片，在它上面连接光栅。使用时，膜片上压力的变化引起它移动，这个微小位移量可用光纤光栅元件来测量，并传输到光纤光栅分析仪上，并在此被解调和显示。光纤光栅渗压传感器如图 8-18 所示。

为了避免损坏传感器膜片，用过滤器（透水石）以隔绝固体颗粒。标准透水石是 $50\mu m$ 孔径的烧结不锈钢，如需要也可以使用高通气的透水石。所有的暴露零部件都用耐腐蚀的不锈钢制成。如果安装正确，该装置应该有无限的寿命。但若在盐水环境中，膜片和外壳就需要特殊材料。

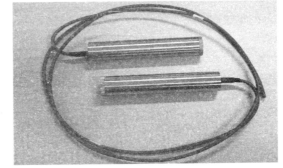

图 8-18 光纤光栅渗压计

每一支渗压计都有率定数据，以将光纤光栅分析仪器的读数转化成工程单位，例如压力或液位。光纤光栅渗压计的压强计算公式如下：

$$P=K\left[(\lambda_1-\lambda_0)-B(\lambda_{t1}-\lambda_{t0})\right] \tag{8-3}$$

式中 K——渗压计传感器系数（kPa/nm）（取正值）；

B——温度修正系数，出厂时给定（$B=\Delta\lambda/\Delta\lambda_t$，$\Delta\lambda$ 仅由温度引起的压力光栅

137

波长变化，$\Delta\lambda_t$ 相应温度光栅波长变化）；

λ_1——压力光栅当前的波长值（nm）；

λ_0——压力光栅初始的波长值（nm）；

λ_{t1}——温补光栅当前波长值（nm）；

λ_{t0}——温补光栅初始波长值（nm）；

P——压强，单位为 kPa。

假设渗压计应变光栅的初始波长值 $\lambda_0 = 1548.900$nm，温补光栅的初始波长值 $\lambda_{t0} = 1546.100$nm，初始大气压 $S_0 = 101.3$kPa，压强系数 $K = 500$kPa/nm，温度修正系数 $B = 1.2$，现将传感器放入某一深度的水中，此时测得 $\lambda_1 = 1548.100$nm，$\lambda_{t1} = 1546.200$nm，则渗压计所受到的水压为：

$$P = K\left[(\lambda_1 - \lambda_0) - B(\lambda_{t1} - \lambda_{t0})\right]$$
$$= 500 \times \left[(1548.100 - 1548.900) - 1.2 \times (1546.200 - 1546.100)\right]$$
$$= -458.7(\text{kPa})$$

光纤光栅渗压计其主要技术指标如表 8-2 所示。

光纤光栅渗压计其主要技术指标　　　　　　　　　　　　　　　　表 8-2

型号	BGK-FBG-4500S	BGK-FBG-4500AL	BGK-FBG-4500HT
量程 （MPa）	0.35、0.7、1、2、3、5、7、10MPa	0.01、0.17	30、60
分辨率(FS)	0.05％	0.05％	0.05％
精度(FS)	0.25％	0.25％	0.25％
使用温度(℃)	−30～+80	−30～+80	−30～+200
外形尺寸(mm)	Φ19×115	Φ25×115	Φ29×240

8.3.2　初步检验

在验收时就应对渗压计读数进行检查和记录。渗压计的内部设有温补光栅用来测量温度。

每支仪器都提供了率定数据，包括在特定温度和气压之下的零读数。现场的零读数要在压力的温度修正后应与工厂的读数基本一致。制造地海拔是 +580 英尺。

8.3.3　创建零读数

光纤渗压计不同于其他型式的压力传感器，即所指的读数并不是由于压力作用在其上面。每一只渗压计都必不可少的要得到一个精确的零读数，而这个读数将用于随后的数据处理（除非监测相对压力）。一般来说，是在仪器安装之前读取的（即未加压力时）。

通过下列各种检查，可以保证一个渗压计得到精确的零读数。

（1）渗压计的温度达到热平衡。经过渗压计体的温度变化将使温度瞬间上升而产生错误的读数，让渗压计经过 15～20 分钟进行温度平衡。

（2）过滤器透水石饱和程度。如果是局部饱和，那么由于表面张力影响了过滤器的微孔，而严重地影响了读数，特别是在低压（小于 5Pa）情况下，可能出现这个问题。在进行初步试验包括在液体中升降渗压计或者压力低时，过滤器可以拆除。

（3）在竖井或测压管里监测液位的情况下，水柱的位移是由渗压计和光缆造成的吗？当光缆长和孔径小时（≤英寸），这一点特别重要，例如，一个 4500S-50 型渗压计，在 1 英寸（0.875 英寸内径）的测压管里放到水面之下 50 英尺时，将使液面上升 4 英尺，应有足够的时间来使液面平衡，就可以解决这个问题。

（4）要确保在读取零读数时记录温度和气压。

8.3.4 检查率定

随率定表提供的率定系数可以通过下列过程来检查。

（1）浸透过滤器透水石，并在透水石和膜片之间的空腔里充满水；

（2）用光缆将渗压计沉到充水孔的底部，以测量实际深度；

（3）让渗压计热平衡 15～20 分钟，用光纤光栅分析仪记录该液面的读数；

（4）将渗压计提升一个已知的高度，记录读数，计算其线性系数，给出压力和读数的变化关系。与率定表中的线性系数进行比较，这两个系数通常在±0.5％之内（与现场操作的准确性有关，SDJ 336-89 规范要求为± 3%），必要时可重复这个试验。

（5）此外，采用 0.05 级的标准活塞式压力计（或同等级标准器）率定是最恰当的率定方式，并使用二次多项式拟合，可得到优于 0.1%的精度。

8.3.5 测压管或测井中安装

首先要建立一个零读数，透水石要浸透。然后可将渗压计用光缆放进测压管中所要求的位置，光缆上作深度标志，以使渗压计端头的位置达到精确的深度，典型的水位监控安装如图 8-19 所示。

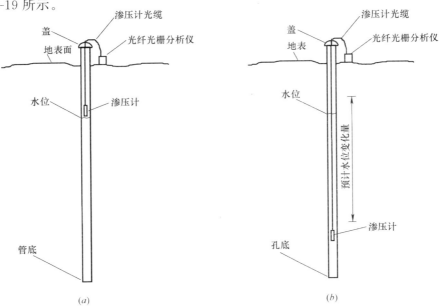

图 8-19 典型的水位监控安装

（a）零读数；（b）典型安装

　　如果在测压管上用了管塞，与上述同样的顺序，并要特别小心避免管塞切破光缆的护套，因为这可能导致压力损失。在安装过程中，要保证光缆固定在测管的顶部，否则，由于渗压计滑入测井里可能引起读数的误差。

8.3.6　钻孔中安装

　　渗压计无论在有套管或无套管的钻孔里，都可以单支安装或多支安装，如果在一个特殊的地区监测微孔压力，就要特别注意钻孔的密封。推荐在钻孔中安装使用加厚的聚乙烯护套来保护光缆。

　　钻孔时不能使用随时间迅速下沉的材料，例如返料。孔深应该钻至渗压计预定位置以下 15～30cm，并应洗净钻孔，然后孔的底部用干净的细沙回填到渗压计端头以下 15cm，即可放入渗压计，最好是将渗压计封装在一个砂袋里，保持干净。用水浸透砂子，然后放到位（在光缆上做标志），仪器在这个位置时，应环绕渗压计周围放入干净的沙子，砂子可以放到渗压计以上 15cm，图 8-20 详细说明了隔绝被监测区域的两种方法。

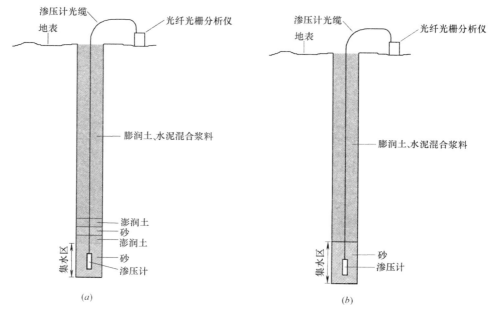

图 8-20　典型钻孔中安装

(a) A 类安装；(b) B 类安装

　　（1）A 类安装

　　一旦到了上述的"采集区"，就要将孔密封，可用两种方法，一是用膨润土和适量的砂回填交替层约 25cm，然后用普通的土回填，或是用不透水的膨润土与水泥浆的混合物。如果在一个单孔里装多支渗压计，那么膨润土与砂堵塞物应量好到上部渗压计的上下位置，并以每个渗压计之间的距离为间隔。在设计与使用填塞工具时特别要小心，以免渗压计的光缆护套在安装时被损坏。

　　（2）B 类安装

　　当建立了上述"集水区"，就要将孔用不透水的膨润土浆填实。应该注意的是，由于光纤光栅式渗压计基本上是一个非流量仪器，所以其集水区不需要很大的尺寸，事实上，渗压计可以与大多数材质接触，因为这些颗粒的材料不能通过过滤器。

多支这种渗压计的安装，由于光缆和管子的尺寸关系，可能要困难些。

8.3.7　填土和坝体中安装

渗压计通常都提供有可直接埋入式光缆，以便在高速公路、大坝等现场布置。安装时，在非黏性回填材料中，渗压计可以直接放在土体里，或者如果出现有大粒径的骨料时，可在土方中放入浸透水的砂袋，如图8-21所示。在这种情况下安装，需要采取附加的措施，以保护光缆不被损坏。

在土体中，例如在大坝的芯墙，可能需要测量负压孔隙水压力，通常是用有高通气值的陶瓷透水石来测量，这时，就要小心地放入渗压计，以直接与这些细密的填充材料相接触。在局部饱和的土方中，如果只是测量孔隙空气压力，标准的透水石就可以满足。要注意在当孔隙的空气压力和水压力有差别时，用粗糙滤体测量的是空气压力，而两种压力差别是由于土壤中的毛细现象所产生，这时粗孔的透水石要用来测量气压。一致的意见认为这种差别是正常的，对大坝的稳定性无关紧要。基本的规律是低通气滤体透水石适用于大多数的日常测量，而在细的黏土中监测孔隙水压力时，渗压计周围不要用砂袋。在交通繁忙的地区或有显著"晃动"的地方，应该使用铠装光缆，如沿坝轴线布置。

光缆通常是安装在地沟内，用小粒径骨料的材料来回填。回填时要小心地在光缆周围捣实，并以规定的间隔用膨润土填充密实，以免沿光缆沟形成渗流通道。

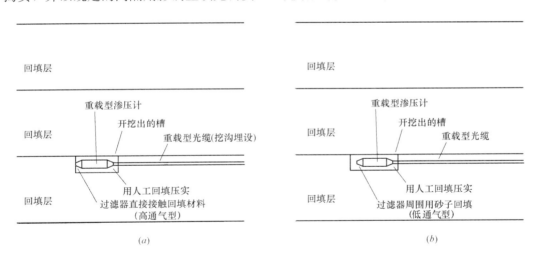

图8-21　典型的大坝上的安装

（a）高通气型安装；（b）低通气型安装

8.3.8　软土中推挤或打桩方式安装

4500DP就是用来推进软土的贯入型渗压计，如图8-22所示。仪器直接接到钻杆上，并用手或者在钻架上用液压的方法压进土体中，装置也可通过打桩的方法压进土里，但由于打桩的冲击力较大，可能会引起零位漂移。

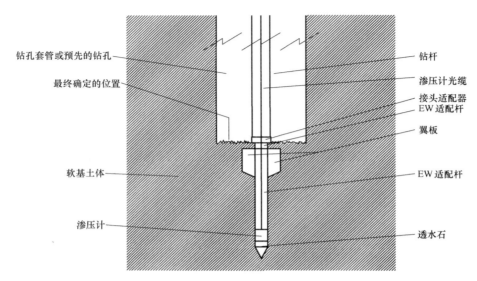

钻孔套管或预先的钻孔 —— 钻杆
最终确定的位置 —— 渗压计光缆
接头适配器
EW 适配杆
翼板
软基土体 —— EW 适配杆
渗压计 —— 透水石

图 8-22　典型的软土中安装

渗压计应接到光纤光栅解调仪上，并在打进过程中要对其进行监测，如果测量的压力达到或超过率定的范围，那么打桩就该停止，而让压力在继续打进之前耗散掉。

钻杆可以保留或拆除。如果要被拆除，那么将一个特殊的 5 英尺长、一端有翼板和左旋螺纹的 EW（或 AW）杆直接装到渗压计的头上，这一段可以顺时针旋转钻具组，从钻头组的支座上拆下来，然后松开左螺纹。翼板可以避免 EW 杆转动。

8.3.9　过滤器的排气

大多数过滤器都可以拆下来进行浸透和重新装配，其步骤如下：

（1）低通气型过滤器（4500S 和 4500PN 型）

对于精密测量，有必要浸透整个过滤器。通常都提供低通气量的过滤器，将它放进水里即可浸透。一段时间之后，空气将溶于水，直到这个空间和过滤器整个都充进了水。为了加快浸透过程，可以拆下过滤器总成，将膜片以上的空间充满水，然后重新装上过滤器外壳，让水通过过滤器透水石。对于低压范围的渗压计（<10Psi），用读数仪读数时要缓慢压入过滤器外壳，以使传感器不超过量程。

若 4500S 渗压计用于测压管并多次升降，过滤器有可能会松动。因此可能需要永久式的过滤器总成，在过滤器总成接口的 1/16～1/8 英寸处，冲压成可拆卸的过滤器永久固定。

对于测压管安装，也可以用滤网，但网眼都比标准过滤器小，如果过滤器彻底干了，那么水中的盐就可能沉积，因而容易堵塞。

（2）可拆卸陶瓷过滤器

1）Bar Filter

小心地转动并抽出过滤器外壳总成，从渗压计上拆下过滤器。在去气水中沸煮过滤器总成。在容器中去气水箱的水面下重新装上过滤器壳和渗压计，确保传感的空腔里不能进入空气。在用读数仪监测膜片压力时，避免过大的压力施加于过滤器，在进一步推入之前让超过范围的压力耗散掉后再推进。为保持浸透，装置应始终浸在水里，直到安装。

2）Bar 和 Higher

对这些过滤器的排气和浸透多少要复杂些，因此应在工厂里进行，或者按下述说明小心的进行：

① 将装配好的渗压计的过滤器朝下，放在底部带除气水入口的真空室中；

② 关闭进水口，并将容器抽空，抽空时要监测传感器避免超过量程；

③ 当达到最大的真空度时，让去气水进入容器，并使水面高出过滤器；

④ 关闭通气口，释放真空容器；

⑤ 观察传感器的输出。经过 24 个小时，使过滤器彻底浸透，而压力升到零；

⑥ 浸透之后，传感器应保持在除气的水中直到安装，如果是在工厂里除气，要带上一个特殊的套，以保持湿润。

8.4　光缆熔接及铺设

本项目应用的光缆采用单芯单模铠装光缆。光纤光栅多点位移计安装前应核对传感器的出厂编号及相关信息进行复查，如复查传感器的波长值等，并做好记录。安装时传感器尾纤和尾纤护管的长度以能满足熔接机熔接为标准，不宜太长。其尾纤的拐弯半径不宜小于 40mm，并用光纤光栅解调仪监测波长值的变化。

光纤熔接时其端面倾斜度要求小于 0.5°，如图 8-23 所示，熔接过程中应严格控制熔接质量，熔接合格后的光纤要立即进行热缩加强管的保护，加强管收缩应均匀、无气泡。光纤护套、涂层去除、光纤端面制备、光纤熔接、热缩加强保护管等作业须连续完成，不得中断。光缆埋设位置须按设计图中要求的方向实施，如需变动应征得现场工程师的同意。光纤光栅温度传感器的定位误差应控制在 ±3cm 以

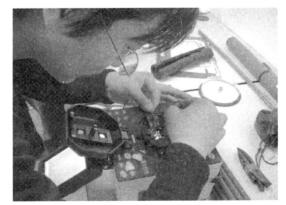

图 8-23　光纤熔接

内。光缆在敷设时不要用力拉扯和挤压，应留有一定的弯曲长度。

光缆铺设过程中应控制好光缆的弯曲度，光缆外穿 PVC 保护管或橡胶管进行保护，在软基路基施工范围内必须外穿钢管进行保护，以防施工机械的破坏。

8.5　信号调试

多点位移计传感器安装和光缆熔接完成后应采用光纤光栅解调仪进行检测，检查光缆熔接、信号传输是否通畅，并做好相应记录。

8.6　监测系统试运行

光缆铺设、测站安装组网完成后，必须进行整个软基光纤光栅监测系统的调试，以检查监测系统完好情况，发现问题及时解决，确保系统正常工作。

整个软基光纤光栅监测系统如图 8-24 所示，软基监测光纤光栅传感器波长分布如图 8-25 所示，光纤光栅传感监测系统连接示意如图 8-26 所示。

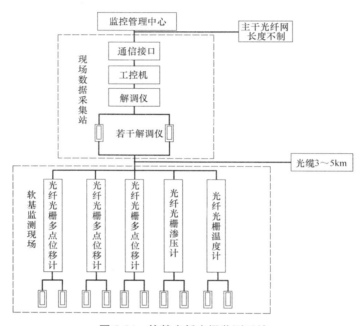

图 8-24　软基光纤光栅监测系统

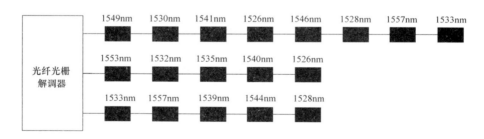

图 8-25　软基监测光纤光栅传感器波长分布

现场数据采集站设备由硬件和软件组成，如图 8-27 和图 8-28 所示。硬件系统由计算机、终端设备、电源设备、通信控制器、网络通信设备、传感解调设备等构成；软件系统由各种硬件设备的驱动、控制、数据处理、专家系统评估及通信等软件构成。软件和硬件系统密切配合，实现软基监测报警及状况评估的功能。

现场采集站设在路基施工工区值班室，实现监测数据的记录和存储。传感器测试信号经过光纤光栅解调仪后进入数据采集工控机，光纤光栅解调仪的数据采样频率为 1Hz。数

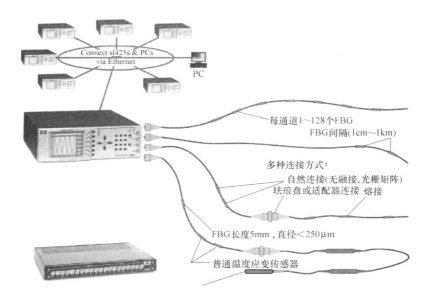

图 8-26　光纤光栅传感监测系统连接示意图

据采集工控机预留有光缆通信网络接口，可通过主干光纤网络将测试数据传到监测中心的数据库，汇总后进行处理分析和应用。监控中心可以实时处理、记录、监视各种信息，提供预警预报信号，并上传至有关部门，供有关部门决策时使用。

图 8-27　德昌高速公路软基现场光纤监测站

图 8-28　德昌高速公路软基光纤监测现场

8.7　监测结果

8.7.1　光纤传感器波长变化

根据《公路路基施工技术规范》JTGF 10—2006 要求，本次监测频率原则是每填筑 1 层至少观测 1 次；若 2 次填筑间隔时间较长，则每 3 d 至少观测 1 次；路堤填筑完成后，半月观测 1 次。由于光纤监测自动化程度高，现场采集数据容易，在整个软基路堤填筑施工期（2010 年 1 月～2010 年 7 月）内，坚持每天读取存储数据 1 次。光纤传感器的波长随时间变化曲线如图 8-29～图 8-43 所示。从图中可以看出，在路堤填筑加载阶段，光纤光栅传感器的波长变化很大，当路堤加载结束后，光纤波长变化不大，并趋于稳定。

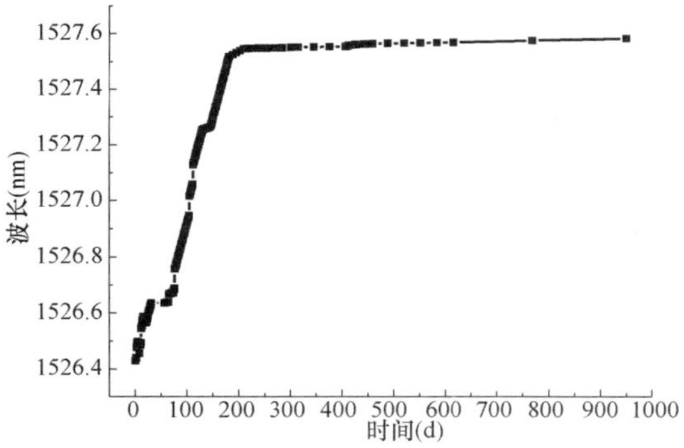

图 8-29　编号为 2009217 位移计（温补）中心波长变化曲线

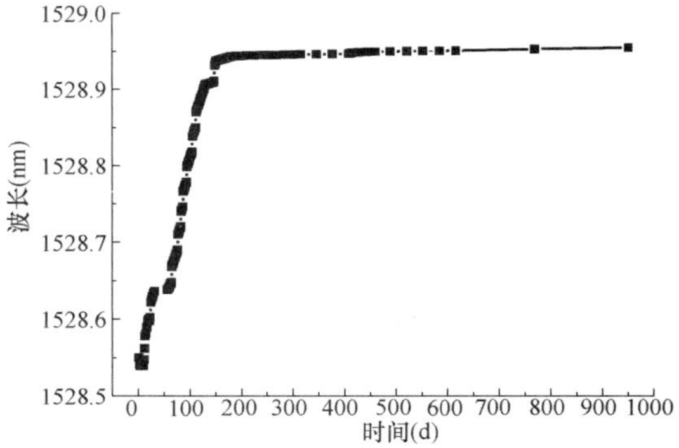

图 8-30　编号为 2009216 位移计（温补）中心波长变化曲线

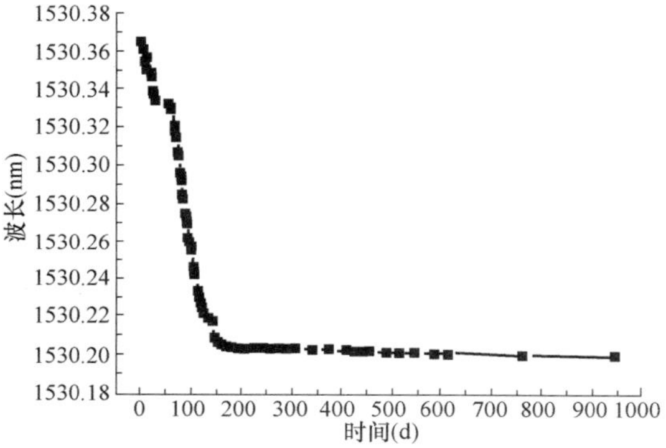

图 8-31　编号为 2009219 位移计（温补）中心波长变化曲线

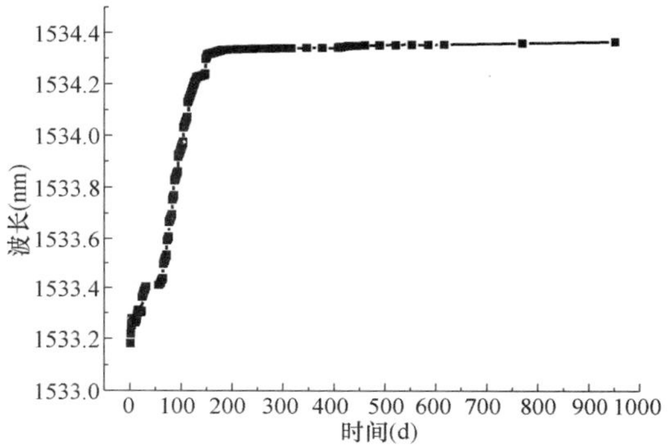

图 8-32　编号为 2009218 位移计（温补）中心波长变化曲线

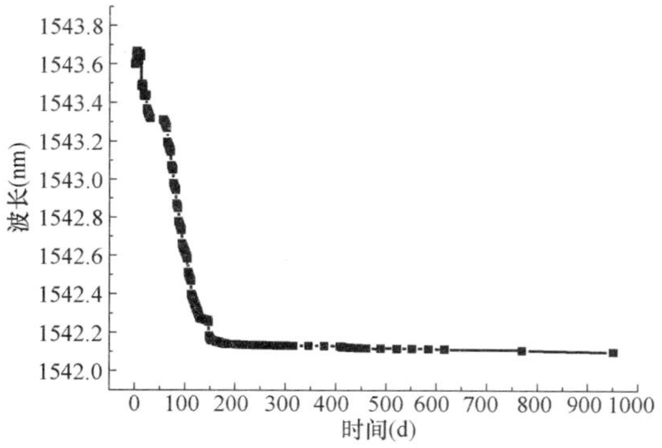

图 8-33　编号为 2009217 位移计中心波长变化曲线

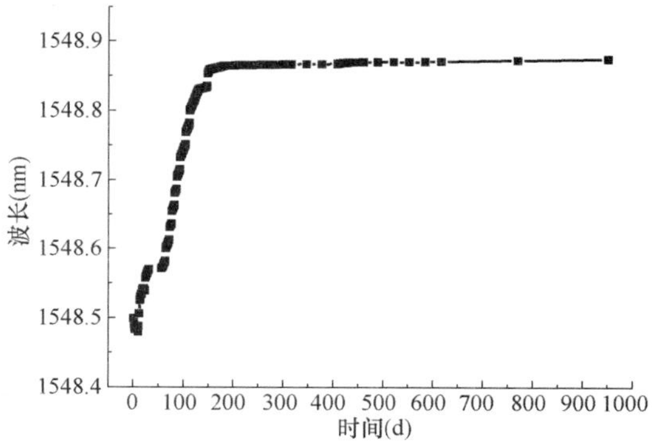

图 8-34　编号为 2009219 位移计中心波长变化曲线

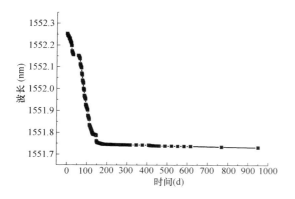

图 8-35　编号为 2009220 位移计
中心波长变化曲线

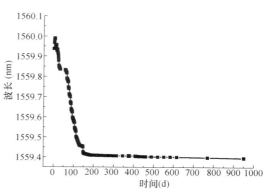

图 8-36　编号为 2009218 位移计
中心波长变化曲线

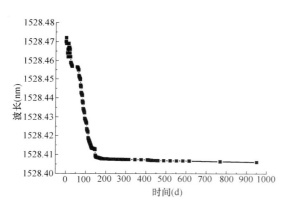

图 8-37　编号为 09514 渗压计（温补）
中心波长变化曲线

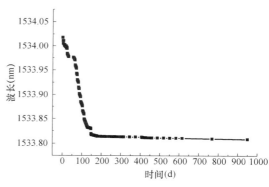

图 8-38　编号为 09515 渗压计中
心波长变化曲线

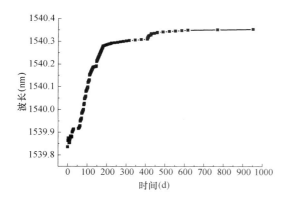

图 8-39　编号为 09515 渗压计（温补）
中心波长变化曲线

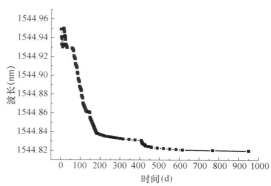

图 8-40　编号为 09514 渗压计中心波长变化曲线

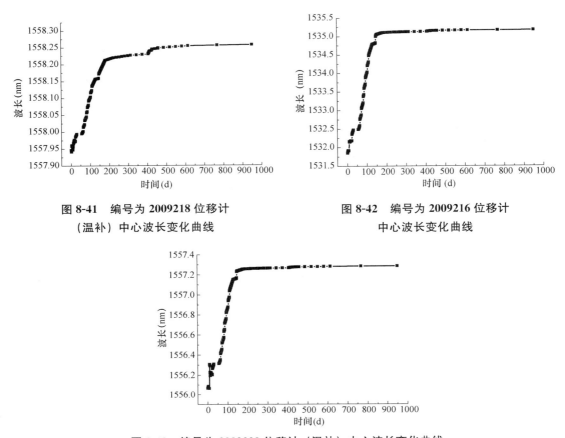

图 8-41　编号为 2009218 位移计
（温补）中心波长变化曲线

图 8-42　编号为 2009216 位移计
中心波长变化曲线

图 8-43　编号为 2009220 位移计（温补）中心波长变化曲线

8.7.2　软基参数监测结果

根据光纤传感器中心波长的变化，可以计算出路基总沉降、3.5m 分层沉降、5.0m 分层沉降以及孔隙水压力的变化，各参数计算公式如下：

$$S_{总}=89.825316[(\lambda_7-1552.264)-(\lambda_3-1530.374)]+84.312487[(\lambda_6-1548.510)-$$
$$(\lambda_2-1528.558)]+84.868288[(\lambda_5-1543.686)-(\lambda_1-1526.510)] \tag{8-4}$$

$$S_{3.5}=98.021470[(\lambda_8-1560.037)-(\lambda_4-1533.275)] \tag{8-5}$$

$$S_{5.0}=91.113028[(\lambda_{15}-1556.136)-(\lambda_{14}-1531.912)] \tag{8-6}$$

$$Pa=848.166780[(\lambda_{12}-1544.756)-0.977135(\lambda_9-1528.369)] \tag{8-7}$$

式中：$S_{总}$——总路基总沉降（mm）；

$S_{3.5}$——路基 3.5m 分层沉降（mm）；

$S_{5.0}$——路基 5.0m 分层沉降（mm）；

Pa——孔隙水压力（kPa）；

λ_7——编号为 2009219 位移计中心波长（nm）；

λ_3——编号为 2009219 位移计温补中心波长（nm）；

λ_6——编号为 2009216 位移计中心波长（nm）；

λ_2——编号为 2009216 位移计温补中心波长（nm）；

λ_5——编号为 2009217 位移计中心波长（nm）；

λ_1——编号为 2009217 位移计温补中心波长（nm）；

λ_8——编号为 2009218 位移计中心波长（nm）；

λ_4——编号为 2009218 位移计温补中心波长（nm）；

λ_{15}——编号为 2009220 位移计中心波长（nm）；

λ_{14}——编号为 2009220 位移计温补中心波长（nm）；

λ_{12}——编号为 09514 渗压计中心波长（nm）；

λ_9——编号为 09514 渗压计温补中心波长（nm）。

按照式（8-4）～式（8-7）进行计算，可以得到路基总沉降、分层沉降以及孔隙水压力等变化曲线。路基总沉降速率、分层沉降速率变化曲线如图 8-44～图 8-46 所示。从路基总沉降速率变化曲线图 8-44 可以看出，在整个路堤填筑施工期内，软基沉降速率控制较好，不过在 2 月 19 日沉降速率达到 -13.86mm/d、3 月 13 日沉降速率达到 -10.86mm/d，超出了路堤中心线地面沉降速率每昼夜不大于 10mm 的控制标准，监测系统沉降预警预报模块进行了预警，我们将情况及时向监理单位和业主单位进行了报告，引起建设单位、监理单位和施工单位的高度重视，及时调整填土速度，使沉降速率得到控制，保证了地基稳定，确保了施工安全。

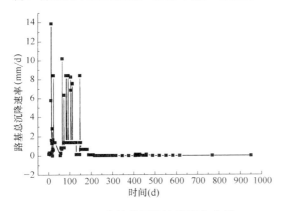

图 8-44　路基总沉降速率变化曲线

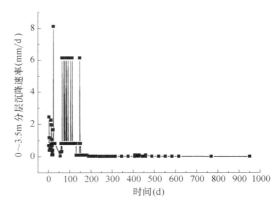

图 8-45　0～3.5m 分层沉降速率变化曲线

路基总沉降时程曲线如图 8-47 所示，从图中可以看出，路基的总沉降随着路堤加载的逐步增加，沉降量增大，总沉降和路堤加载存在着一定的滞后，在填土加载完毕后，路堤的总沉降和分层沉降都逐渐趋于稳定，变化较小。从图中还可以看出，分层沉降变化趋势与路基总沉降变化趋势基本一致，淤泥分层的沉降相对不大，表明采用 CFG 桩处理软基效果较好。

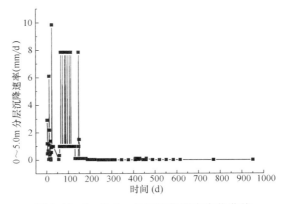

图 8-46　0～5.0m 分层沉降速率变化曲线

149

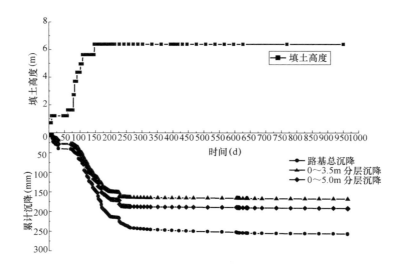

图 8-47　路基沉降时程曲线

路堤加载过程孔隙水压力变化时程曲线如图 8-48 所示，从图中可以看出，在路堤填筑前期，由于加载较大，孔隙水压力急剧增加，随着填土的结束，孔隙水压力开始消散，孔压减少，土体固结加速，孔压变化幅度较大，到后期孔压变化趋于稳定。

常规沉降板监测的数据与光纤监测数据的比较结果如图 8-49 所示，从两种手段监测的曲线可以发现：在填土期间，两种监测方式的沉降变化趋势基本一致，光纤监测的路基累计沉降与常规监测路基累计沉降的结果相差较小，但常规监测的数据漂移较大，可能是监测过程中人为及仪器误差所致，而光纤监测的结果没有出现数据的上下反复漂移，误差数据少。

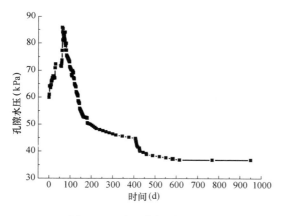

图 8-48　孔压变化时程曲线

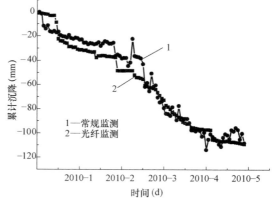

图 8-49　常规监测与光纤监测数据的比较

第9章 基于光纤光栅传感技术
的测斜仪研发与工程应用

  测斜仪器是一种用来测定钻孔倾角及方位角的原位量测设备,通过对所测倾角进行换算就可以计算出岩土体内部不同深度位置处的位移变化[75]。自从 20 世纪 50 年代开始应用在对水利工程土石坝、公路铁路高边坡、软土路基以及隧道等岩土工程进行原位监测的领域中,以保证岩土工程设计、施工及其使用过程中的安全[76-81]。目前国内外使用的测斜仪器主要测量部件是利用磁通门传感器或机械陀螺仪作为角速度传感器与加速度计相结合,测量倾斜角和方位角[82]。然而该类测斜仪存在着测量精度低、仪器使用寿命短、数据处理不及时、暴雨等恶劣天气无法监测等不足,严重影响了岩土体内部形变监测的效率,使监测人员不能及时知晓坡体内部的变形状况。因此,研究开发一种能够对土石坝、高边坡、软土地基等岩土体的内部变形进行实时在线监测的测斜仪器是非常必要的。

  光纤传感技术作为传感技术的新阶段,它具有测量精度高、传输距离长、抗干扰性强以及自动采集数据等优势,为解决上述关键问题提供了良好的技术手段。1978 年,Hill[83]成功研制了世界上第一根光纤光栅(Fiber Bragg grating,简称 FBG)。随后,Meltz 等[84]提出了将光纤光栅传感器在混凝土结构监测中进行应用。Inaudi 等[85]在桥梁健康监测系统中应用了光纤 Bragg 光栅传感新技术,通过现场监测发现,光纤 Bragg 光栅传感器不仅可以监测桥面上汽车行驶的速度,而且对通过桥梁的汽车数量还可以进行监测。在国内,欧进萍等[86]在呼兰河大桥的预应力箱梁上使用了 15 个光纤 Bragg 光栅传感器,利用光纤 Bragg 光栅传感器来监测箱梁中钢筋的应力和应变。Chan 等[87]在青马大桥的健康监测系统中使用了 40 个光纤 Bragg 光栅传感器,并利用这些新型传感器对该座大桥进行了实时健康监测。而对于岩土工程监测领域,光纤光栅监测技术的应用相对比较晚,20 世纪 80 年代以后研究人员才开始对岩土工程结构进行光纤 Bragg 光栅传感监测技术进行研究。裴华富等[88]利用光纤 Bragg 光栅传感技术对香港某公路的高边坡进行了长期的安全监测研究。黎剑华,张鸿等[89]研究开发了一种大量程光纤 Bragg 光栅位移传感器,并利用该光纤 Bragg 光栅位移传感器对江西某高速公路的软基沉降进行了长期的在线监测。

  针对目前测斜仪存在的不足,利用光纤光栅传感技术的优势,作者研究开发了一种监测岩土体内部变形的光纤光栅测斜仪,并成功应用于某公路膨胀土边坡的坡体位移监测,该仪器可以和其他量测边坡参数的光纤光栅传感器组网成为一个监测系统,可对高边坡岩土体内部变形情况进行长期在线监测和安全预警预报,对于确保高陡边坡的安全运行具有非常重要的现实意义。

9.1 光纤 Bragg 光栅监测原理

  光纤 Bragg 光栅传感技术是利用紫外光在光纤内部写入的光栅,通过反射或透射

Bragg 波长光谱，测量被测结构的应变及其温度改化[90]。光栅周期 T 和光纤的有效折射率 n_{eff} 是光纤 Bragg 光栅反射波长光谱的两个重要参数，这两个参数发生变化，光栅 Bragg 中心波长将发生漂移，它们间的关系可用下式表示：

$$\Delta\lambda_B = 2n_{eff}\Delta T \tag{9-1}$$

式中，$\Delta\lambda_B$ 表示光栅 Bragg 中心波长的漂移量；n_{eff} 为光纤的有效折射率；ΔT 为光栅周期的变化。

因为光纤本身具有弹光效应，这使得光纤的有效折射率 n_{eff} 将随着被测物体表面应变的变化而发生改变，光纤 Bragg 光栅反射中心波长的漂移量反映了被测物体表面被测信号的变化。被测物体表面应变变化产生的光栅 Bragg 波长漂移量我们可以通过下式来表示：

$$\Delta\lambda_B = \lambda_B(1 - P_e)\Delta\varepsilon \tag{9-2}$$

式中，P_e 为光纤的弹光系数；$\Delta\varepsilon$ 为应变变化量。

同时，被测物体周边环境的温度变化将会对光纤 Bragg 光栅中心波长的漂移量产生变化，两者关系如下式所示：

$$\Delta\lambda_B = \lambda_B(\alpha + \xi)\Delta t \tag{9-3}$$

式中，α 表示光纤 Bragg 光栅的热膨胀系数；ξ 表示光纤 Bragg 光栅的热光系数；Δt 表示被测物体周边环境温度的变化量。

通过光纤光栅解调仪可以测试出光纤 Bragg 光栅中心波长的漂移量，我们再根据上述相关表达式就可以计算出被测物体表面的应变和温度等参数的变化量。

9.2　光纤测斜仪结构设计与工作原理

9.2.1　光纤光栅测斜仪结构设计

基于光纤光栅传感原理的测斜装置主要由三个部分组成：PVC 测斜管、测斜不锈钢板和光纤光栅敏感元件，如图 9-1 所示。测斜管是由 PVC 材质制成，管的外径为 65mm，管的内径为 60mm，必须具有一定的刚度；测斜管的内壁开有对称的十字形槽口，槽口的深度为 2mm，宽 2mm，如图 9-2 所示；PVC 测斜管每节 2000mm，可以采用套管连接加长，用螺丝进行固定，底部有一锥形套筒，主要防止泥土进入，测斜管上部安装一个保护罩，主要防止杂物掉进去，而影响测量精度。在现场安装时，先采用钻孔设备进行定位钻孔，尽量保证所钻的孔竖直，待钻至设计要求的标高，逐节组装 PVC 测斜管放入孔中，安装时要注意测斜管的十字槽口应与岩土体移

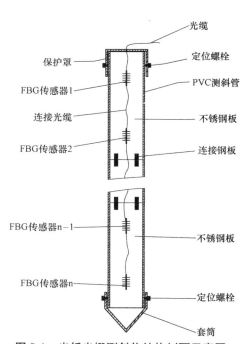

图 9-1　光纤光栅测斜仪结构刨面示意图

动趋势方向垂直或平行。

测斜不锈钢板采用每块厚度为 2mm、宽度为 61mm、长度为 1000mm 的不锈钢板连接而成。每块不锈钢板之间接头采用两处双面连接钢板进行连接，以确保不锈钢板连接后接头处的刚度达到原钢板的刚度，以避免影响测量的精度。测斜不锈钢板的连接方式采用可以拆卸的螺栓连接形式（可以配上螺母），连接钢板的厚度为 2mm，宽度为 10mm，长度为 40mm。测斜不锈钢板连接好后，逐节放进 PVC 测斜管内，放置时应对准测斜管的十字形槽口，这样测斜

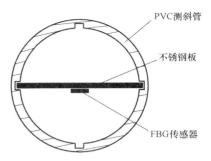

图 9-2　光纤光栅测斜仪结构横断面图

不锈钢板和测斜管形成一个整体，当 PVC 测斜管变形时，管内的测斜不锈钢板也随之发生变形。

在不锈钢板上同一侧中心线位置每隔 40cm（测点的距离可以根据实际情况需要进行设计）焊接一个光纤光栅应变传感器（图 9-3），该光纤光栅应变传感器在焊接前已经用测斜不锈钢进行了封装，通过焊接工艺使光纤光栅应变传感器和测斜不锈钢板焊成为一个整体，测斜不锈钢板发生变形，则光纤光栅应变传感器也随之变形，从而可以用来量测测斜不锈钢板的表面变形（应变）。用光纤连接法兰将每一个光纤光栅应变计串联在一起，最后通过光缆和光纤光栅解调仪连接，解调仪可以测试出每个光纤传感器的波长变化量，考虑被测物体周边环境的温度补偿后，按照相应公式可以算出每个测斜不锈钢板测点处的变形（应变）。

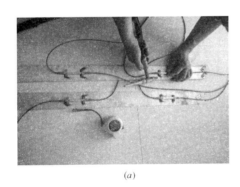

(a)　　　　　　　　　　　　(b)

图 9-3　光纤光栅测斜仪安装与调试

(a) FBG 测斜仪安装；(b) FBG 测斜仪调试

9.2.2　工作原理

当岩土体内部发生变形时，土体将挤压 PVC 测斜管，使测斜管与土体共同产生变形，安装在测斜管槽口中的不锈钢板也将随之发生变形，因此可以认为岩土体内部发生的变形与不锈钢板发生的变形是一致的。通过梁的弯曲理论公式和差分算法，推导出各测点的应变值与测斜不锈钢板上各测点的挠度值的关系式，然后利用光纤光栅解调仪量测出焊接在

不锈钢板上的光纤光栅表面应变传感器上各测点处的表面应变值，根据不锈钢板表面应变与扰度的关系就可以计算出各测点处的扰度值，也就是岩土体内部的水平变形值。测斜不锈钢板扰度的计算过程如下：

假设不锈钢板截面形心在水平方向的位移变化量 f 为该截面的挠度，测斜不锈钢板变形后其截面中心的轴线是一条光滑的连续曲线，这里忽略剪力对弯矩的影响，不锈钢板的曲率与弯矩之间的物理关系[16]可以用下式表示：

$$\kappa = \frac{1}{\rho} = \frac{M}{EI} \tag{9-4}$$

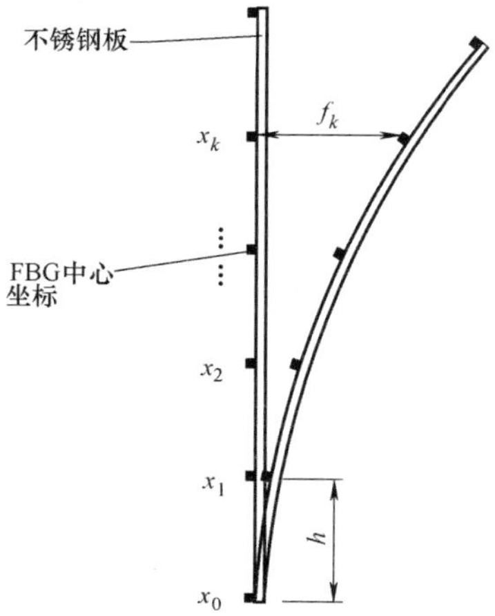

式中，κ 表示不锈钢板的曲率；M 为弯矩；E 为不锈钢板的弹性模量；I 为测斜不锈钢板的惯性矩。

根据光纤布拉格光栅波长变化与应变之间的线性关系可以求得测斜不锈钢板上各测点的应变，然后通过梁的弯曲理论公式和差分算法，由测点应变计算出测斜不锈钢板上各点的挠度，该扰度值可以认为是对应测点处岩土体内部发生的水平变形值。

图 9-4　光纤光栅测斜仪扰度计算模型

设测斜不锈钢板上的光纤光栅应变传感器位置点坐标数列为 $\{x_k\}$，$x_k = x_0 + kh$（$k = 0, 1, \cdots\cdots, n$），截面形心 x_k 位置点的挠度用 f_k 表示，其中 $f_k = f(x_k)$，h 为步长，表示相邻两个光纤 Bragg 光栅应变传感器中心之间的距离，如图 9-4 所示。

则 x_k 位置点的挠度 f_k 的一阶和二阶差分方程分别为：

$$\Delta f_k = \frac{f_{k+1} - f_k}{h} \tag{9-5}$$

$$\Delta(\Delta f_k) = \frac{1}{h}\left(\frac{f_{k+2} - f_{k+1}}{h} - \frac{f_{k+1} - f_k}{h}\right) = \frac{f_{k+2} - 2f_{k+1} + f_k}{h^2} \tag{9-6}$$

由曲率的定义可得：

$$\kappa = f'' = \Delta(\Delta f_k) \tag{9-7}$$

因此，光纤 Bragg 光栅原位测斜不锈钢板的应变与挠度关系方程可以表达为：

$$f'' = \frac{f_{k+2} - 2f_{k+1} + f_k}{h^2} = \frac{M}{EI} = \frac{M \times \frac{a}{2}}{EI} \times \frac{2}{a} = \varepsilon_i \times \frac{2}{a} \tag{9-8}$$

式中，ε_i 为不锈钢板第 i 个测点处的应变值。

上式写成矩阵形式为：

$$\frac{a}{2h^2}\begin{pmatrix} 1 & -2 & 1 & 0 & . & . & 0 \\ 0 & . & . & . & . & . & . \\ . & . & . & . & . & . & . \\ . & . & . & . & . & . & . \\ . & . & . & . & . & . & 0 \\ 0 & . & . & 0 & 1 & -2 & 1 \end{pmatrix}\begin{pmatrix} f_k \\ f_{k+1} \\ . \\ . \\ \\ f_{k+n+1} \end{pmatrix} = \begin{pmatrix} 0 \\ 0 \\ \varepsilon_1 \\ \varepsilon_2 \\ . \\ \varepsilon_n \end{pmatrix} \tag{9-9}$$

式中，a 为测斜不锈钢板沿位移方向的厚度；f_k、f_{k+1} 为 x_k、x_{k+1} 测点位置的挠度值。

假设测斜不锈钢板底端为固定端，令 $k=0$，f_0，f_1 表示位于固定端上的虚拟点挠度值，因此，$f_0=f_1=0$，将其代入式（9-6）即可得：

$$\frac{a}{2h^2}\begin{bmatrix}1 & -2 & 1 & 0 & . & . & 0\\0 & . & . & . & . & . & .\\. & . & . & . & . & . & .\\. & . & . & . & . & . & 0\\. & . & . & . & . & . & .\\0 & . & . & 0 & 1 & -2 & 1\end{bmatrix}\begin{bmatrix}0\\0\\f_2\\.\\.\\f_{n+1}\end{bmatrix}=\begin{bmatrix}0\\0\\\varepsilon_1\\\varepsilon_2\\.\\\varepsilon_n\end{bmatrix} \tag{9-10}$$

通过对式（9-10）求逆矩阵，可以直接求得扰度（位移）和光纤光栅测斜传感器所测点应变的关系：

$$f=\varepsilon \cdot K \tag{9-11}$$

$$式中，\quad f=\begin{bmatrix}0\\0\\f_2\\.\\.\\.\\f_{n+1}\end{bmatrix}，\varepsilon=\begin{bmatrix}0\\0\\\varepsilon_1\\\varepsilon_2\\.\\\varepsilon_n\end{bmatrix}，K=\frac{2h^2}{a}\begin{bmatrix}1 & -2 & 1 & 0 & . & . & 0\\0 & . & . & . & . & . & .\\. & . & . & . & . & . & .\\. & . & . & . & . & . & 0\\0 & . & . & 0 & 1 & -2 & 1\end{bmatrix}^{-1}。$$

9.3 工程应用

万载至宜春高速公路是江西省重点工程项目，项目地址位于江西省宜春市，该高速公路是连接沪昆高速公路和万载县的一条地方加密公路。路线起点位于万载县的马步乡，终点位于宜春市以北规划中的湖田公路，路线全长 33.98km，该项目于 2012 年 10 月 8 日开工，2014 年 12 月 26 日建成通车。

为验证所研发的光纤光栅测斜仪工作的可靠性，选择里程桩号为 K30＋120～K30＋218 的一段路堑边坡进行现场试验监测研究，在监测过程中同时采用目前较为成熟的电测方法进行测试结果对比分析。该路堑边坡分三级开挖进行支护，坡脚处为第一级，每级边坡约 8m，边坡总高度约为 25m。为了监测该边坡的变形，在每一级边坡台阶上钻孔安装 1 个测斜管，每根测斜管长度均为 8m，光纤光栅测斜仪埋设方案如图 9-5 所示。

该边坡监测工作从 2014 年 4 月 25 日开始进行监测，前 1 个月监测频率为每天 1 次，以后每个月每 7 天监测 1 次，通车后每 1 个月监测 1 次，该工程项目已经于 2014 年 12 月 26 日通车，边坡测斜监测现场如图 9-6 所示。光纤光栅测斜仪监测的结果如图 9-7 所示，常规测斜仪监测结果也标在图上，从图中可以看出，光纤光栅测斜仪的监测结果与常规测斜仪监测结果比较吻合，这证明了所开发的光纤光栅测斜仪工作的可靠性。同时从图中可以看出，各级边坡台阶水平位移最大值是第二级台阶，其最大水平位移量达到 61mm，一级边坡台阶发生的水平位移量最小，约为 13mm，其次是第三台阶，发生的最大水平位移

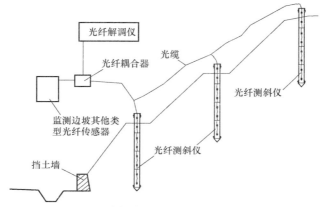

图 9-5   光纤光栅测斜监测系统现场埋设方案

值约为 35mm。由此可见,在边坡脚位置设置坡脚挡土墙可以显著提高边坡的稳定性。

(a)   (b)

图 9-6   边坡测斜仪量测现场

(a) FBG 测斜仪监测;(b) 常规测斜仪监测

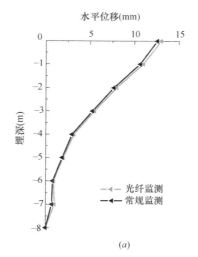

(a)

图 9-7   光纤测斜仪监测边坡水平位移结果

(a) 第一级台阶变形监测结果

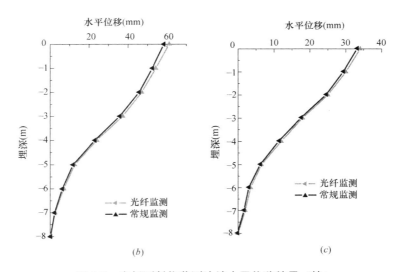

图 9-7 光纤测斜仪监测边坡水平位移结果（续）

（*b*）第二级台阶变形监测结果；（*c*）第三级台阶变形监测结果

　　利用光纤光栅传感材料的优越性，作者研究开发了可以监测岩土体内部形变的光纤光栅测斜仪，通过实际工程的成功应用，证明了该光纤光栅测斜仪工作的可靠性。该光纤光栅测斜仪可以和其他监测边坡参数的光纤光栅传感器串联在一起进行信号传输，组建成监测网络系统，以实现岩土体内部变形的实时在线监测和安全预警预报，确保高陡边坡的安全运行具有非常重要的现实意义。所研发的光纤光栅测斜仪同样可以应用于软土地基深层测斜、大坝安全监测等工程领域。

参 考 文 献

[1] 张诚厚. 袁文明，戴济群. 高速公路软基处理 [M]. 北京：中国建筑工业出版社，1997.

[2] 张永兴. 边坡工程学 [M]. 北京：中国建筑工业出版社，2008.

[3] 龚晓南. 地基处理新技术 [M]. 西安：陕西科学技术出版社，1997.

[4] 刘兴远等. 边坡工程：设计·监测鉴定与加固 [M]. 北京：中国建筑工业出版社，2007.

[5] S B Mickovski, L P H Van Beek. Adecision support system for the evaluation of eco-engineering strategies for slope protection [J]. Geotechnical and Geological Engineering，2006，24：483-498.

[6] Jun Xu, Yongxin Wei, ChungenLi. Discussion on Monitoring Technology Proposal for High and Steep Side-Slope on Railway in Mountain Area [C]. Lecture Notes in ElectricalEngineering，2012，147（1）：289-307.

[7] E Damiano, L Olivares, L Picarelli. Steep-slope monitoring in unsaturated pyroclasticsoils [J]. Engineering Geology，2012，(137-138)：1-12.

[8] 王萍. 近景摄影测量技术应用的回顾 [J]. 铁道工程学报，2006，12（s）：168-174.

[9] 王义锋. 基于测斜仪监测成果的蠕滑体变形机制分析 [J]. 岩石力学与工程学报. 2009，28（1）：212-216.

[10] 陈开圣，彭小平. 测斜仪在滑坡变形监测中的应用 [J]. 岩土工程技术，2006，20（1）：38-41.

[11] 王文军. DGT-1 自动测斜仪的研究开发 [D]. 长春：吉林大学，2005.

[12] M Hisham, J Peter, S Kenichi, K A Assaf. Distributed Optical Fiber Strain Sensing in a Secant Piled Wall [C]. Seventh International Symposium on Filed Measurements inGeomechanics，2007：22-31.

[13] G Kister, D Winter, Y M Gebremichael, J Leighton. Methodology and integritymonitoring of foundation concrete piles using Bragg grating optical fiber sensors [J]. Engineering Structures，2007，29：2048-2055.

[14] 裴华富，殷建华，朱鸿鹄等. 基于光纤光栅传感技术的边坡原位测斜及稳定性评估方法 [J]. 岩石力学与工程学报，2010，29（8）：1570-1576.

[15] 裴华富. 高速公路高边坡 FBG 传感器监测及稳定性分析 [D]. 哈尔滨：哈尔滨工业大学，2008.

[16] 丁勇，施斌，崔何亮等. 光纤传感网络在边坡稳定监测中的应用研究 [J]. 岩土工程学报，2005，27（3）：338-342.

[17] 隋海波，施斌，张丹等. 边坡工程分布式光纤传感监测技术研究 [J]. 岩石力学与工程学报，2008，29（S2）：3725-3731.

[18] 王宝军，李科，施斌等. 边坡变形的分布式光纤监测模拟试验研究 [J]. 工程地质学报 2010，18（3）：325-332.

[19] 李焕强. 台风暴雨引发公路水毁特征与边坡水毁机理 [D]. 杭州：浙江大学，2006.

[20] 李焕强，孙红月，刘永莉等. 光纤传感技术在边坡模型试验中的应用 [J]. 岩石力学与工程学报，2008，27（8）：1703-1708.

[21] Gregory S, Wachman, Joseph F Labuz. Soil-structure interaction of an earth pressure cell [J]. Journal of Geotechnical and Geoenvironmental Engineering，2011，137（9）：843-845.

[22] Kinya Miura,，Natsuhiko Otsuka, Eiji Kohama et al. The size efforts of earth pressure cells on measurement in granular materials [J]. Soils and Foundations，2003，5（43）：133-147.

[23] Ahangari K, NoorzadA. Use of casing and its effect on pressure cells [J]. Mining Science and Technology，2010，20（3）：384-390.

[24] 王俊杰，姜德生，梁宇飞等. 差动式光纤 Bragg 光栅土压计及其温度特性的研究 [J]. 光电子·激光，2007，18（4）：0389-0391.

［25］ 姜德生，左军，信思金等. 光纤 Bragg 光栅传感器在水布垭工程锚杆上的应用［J］. 传感器技术，2005，24（1）：72-74

［26］ 南秋明，姜德生. 光纤光栅传感技术在宜万铁路边坡监测的应用［J］. 路基工程，2009，3：3-5.

［27］ J P Dakin，M Volanthen. Distributed and multiplexed fiber grating sensors［J］. Including discussion of pronlem areas，IEICE transactions on electronics，2000，E83-C（3）：391-399.

［28］ Y Zhao，Y B Liao. Discrimination methods and demodulation techniques for fiber Bragggrating sensors［J］. Optics and Lasers in Engineering，2004，41（1）：1-18.

［29］ 姜德生，何伟. 光纤光栅传感器的应用概况［J］. 光电子·激光，2002，13（4）：420-430.

［30］ 顾铮天，邓传鲁. 镀膜光纤光栅应用与发展［J］. 中国激光，2009，36（6）：1317-1326.

［31］ 周祖德，谭跃刚，刘明尧等. 机械系统光纤光栅分布动态监测与诊断的现状与发展［J］. 机械工程学报，2013，49（19）：55-69.

［32］ M Raymond，A Measures et al. Bragg grating structural sensing system for bridge monitoring ［C］. 1994，Proc. SPIE Vol. 2294：53-59.

［33］ Rolf Bronnimann，Marcel Held，Philipp M，Nellen. Reliability，availability，and maintainability considerations for fiber optical sensor applications［C］. 2006，Proc. SPIE Vol. 6167，61671B.

［34］ P Kronenberg，N Casanova，D Inaudi，S Vurpillot. Dam monitoring with fiber optic sensors［J］. Smart structures and materials，3043：2-11.

［35］ D Inaudi. Application of Optical Fiber Sensor in Civil Structural Monitoring［C］. The International Society for Optical Engineering，2001，4328：1-10.

［36］ P Moyoa，J M W Brownjohnb，R Sureshc. Development of fiber Bragg grating sensors for monitoring civil infrastructure［J］. Engineering Structures，2005，27：1828 – 1834.

［37］ T H T Chan，LYu，H Y Tam. Fiber Bragg Grating sensors for structural health monitoring of Tsing Ma bridge：background and experimental observation［J］. Engineering Structures，2006，28（5）：648-659.

［38］ H Richard Scott，Pradipta Banerji，Sanjay Chikermane，et al. Commissioning and evaluation of a fiber-optic sensor system for bridge monitoring［J］. IEEE Sensors Journal，2013，13（7）：2555-2562.

［39］ 欧进萍，周智，武湛君等. 黑龙江呼兰河大桥的光纤光栅智能监测技术［J］. 土木工程学报，2004，37（1）：45-49.

［40］ 张东生，李微，郭丹等. 基于光纤光栅振动传感器的桥梁索力实时监测［J］. 传感技术学报，2007，20（12）：2720-2723.

［41］ Hisham Mohamad，J Peter，Bennett，Kenichi Soga，AssafKiar，and Adam Pellow. Distributed Optical Fiber Strain Sensing in a Secant Piled Wall［J］. Geotechnical Special Publication，2007，81（175）.

［42］ Pei Huafu，Yin Jianhua，Zhu Honghu，and Hong Chengyu. In-situ monitoring of displacements and atability evaluation of slope based on fiber bragg grating sensorstechnology［J］. Journal of Rock Mechanics and Engineering，2010，29（8）：1570-1576.

［43］ 林钧岫，王文华，王小旭等. 光纤光栅传感技术应用研究及其进展［J］. 大连理工大学学报，2004，44（6）：931-936.

［44］ 李川，张以谟，赵永贵等. 光纤光栅原理、技术与传感应用［M］. 北京：科学出版社：2005. 85-88.

［45］ 张颖，刘云启，刘志国等. 波长扫描极值解调法实现光纤光栅应变和温度传感的测量［J］. 光子学报，1999，28（11）：979-982.

［46］ 谢芳，张书练，李相培等. 光纤光栅传感器的波长检测系统及其理论分析［J］. 光学学报，2002，22（6）：726-730.

［47］ 励强华，李俊庆，李淳飞. 应用平衡双光纤光栅动态解调技术测量应力的研究［J］. 光学学报，2003，23（10）：1196-1199.

[48] 余有龙，谭华耀，钟永康. 基于干涉解调技术的光纤光栅传感系统 [J]. 光学学报，2001，21 (8)：987-989.

[49] 谢芳，张书练，李岩等. 光纤光栅反射波长移动研究 [J]. 激光技术，2002，22 (4)：84-85，96.

[50] 谢芳，王慧琴. 用光纤 F-P 滤波器解调的光纤光栅传感器的研究 [J]. 光电子激光，2003，14 (4)：359-362.

[51] 廖延彪，黎敏. 光纤传感器的今日与发展 [J]. 传感器世界，2004，10 (2)：6-12.

[52] 张伟刚，涂勤昌，孙磊等. 光纤光栅传感器的理论、设计及应用的最新进展 [J]. 物理学进展，2004，24 (4)：398-423.

[53] 董孝义，袁树忠，开桂云等. 光纤光栅传感器的研究进展 [J]. 物理学进展，2001，21 (3)：303-316.

[54] 姜德生，何伟. 光纤光栅传感器的应用概况. 光电子激光，2002，13 (4)：420-430.

[55] 乔学光，贾振安，傅海威等. 光纤光栅温度传感理论与实验 [J]. 物理学报，2004，53 (2)：494-497.

[56] 尹国路，娄淑琴，彭万敬等. 光纤布拉格光栅法布里-珀罗干涉式传感器灵敏度 [J]. 中国激光，2010，37 (6)：1490-1495.

[57] 姜德生，方炜炜. Bragg 光纤光栅及其在传感器中的应用 [J]. 传感器世界，2003，9 (7)：22-26.

[58] 李宏男，任亮. 结构健康监测光纤光栅传感技术 [M]. 北京：中国建筑工业出版社，2008.

[59] 李志全，许明妍，汤敬. 基于可调谐光纤光栅传感系统信号解调技术的研究 [J]. 应用光学，2005，26 (4)：36-41.

[60] 余有龙，谭华耀，等. 基于干涉解调技术的光纤光栅传感系统 [J]. 光学学报，2001，21 (8)：987-989.

[61] 沈震强，赵建林，张晓娟. 光纤光栅法布里-珀罗传感器频分复用技术 [J]. 光学学报，2007，27 (7)：1173-1177.

[62] 关柏鸥，余有龙，葛春风等. 光纤光栅法布里-珀罗腔透射特性的理论研究 [J]. 光学学报，2000，20 (1)：34-38.

[63] 吕昌贵，崔一平，王著元等. 光纤布拉格光栅法布里-珀罗腔纵模特性研究 [J]. 物理学报，2004，53 (1)：145-150.

[64] 靳伟，廖远彪，张志鹏. 导波光学传感器原理与技术 [M]. 北京：科学出版社，1998.

[65] 江毅，陈伟民，杨礼成等. 光纤光栅用于应变/温度传感初探 [J]. 传感技术学报，1997，10 (3)：43-47.

[66] 关柏鸥，余有龙，葛春风. 光纤光栅法布里-珀罗腔透射特性的理论研究 [J]. 光学精密工程，2000，20 (1)：34-38.

[67] 余有龙，谭华耀，锺永康. 基于干涉解调技术的光纤光栅传感系统 [J]. 光学精密工程，2001，21 (8)：987-990.

[68] 余有龙，关柏鸥，董孝义等. 光纤光栅压力传感器的无源温漂补偿技术 [J]. 光学学报，2000，20 (3)：400～404

[69] 周智，李冀龙，欧进萍等. 埋入式光纤光栅界面应变传递机理与误差修正 [J]. 哈尔滨工业大学学报，2006，38 (1)：49-55.

[70] 周智. 土木工程结构的光纤光栅智能传感元件及其监测系统 [D]. 哈尔滨：哈尔滨工业大学，2003.

[71] 周智，赵雪峰，欧进萍等. 光纤光栅毛细钢管封装工艺及其传感特性研究 [J]. 中国激光，2002，29 (12)：1089-1092.

［72］ 周智，武湛君，欧进萍等．混凝土结构的光纤光栅智能监测技术［J］．功能材料，2003，34（3）：344-348.

［73］ 郭团，赵启大，刘丽辉．光强检测型光纤光栅温变不敏感动态压力传感研究［J］．光学精密工程，2007，27（2）：207-211.

［74］ 姜德生，何伟．光纤光栅传感器的应用概况［J］．光电子激光，2002，13（4）：421-430.

［75］ 颜廷洋，张春熹，高爽等．光纤陀螺测斜仪设计和实验［J］．中国惯性技术学报，2013，21（2）：179-183.

［76］ 王昌，倪家升，刘小会等．用于大坝边坡监测的光纤测斜仪设计与应用［J］．传感器与微系统，2013，32（8）：114-116.

［77］ 黄飞澜，肖红．测斜仪在高填方地基侧向水平位移监测中的应用［J］．公路工程，2010，35（5）：112-115.

［78］ 阮志新，王永，杨和平．百隆路两深路堑滑坡之测斜仪监测与分析［J］．中外公路，2012，32（1）：45-51.

［79］ 杨谢辉．软硬岩互层式复合岩层边坡稳定性分析及其加固技术研究［J］．公路工程，2014，39（5）：205-208.

［80］ 赵欢，李东升．某公路高边坡施工监测分析［J］．公路工程，2014，39（5）：63-67.

［81］ 王义锋．基于测斜仪监测成果的蠕滑体变形机制分析［J］．岩石力学与工程学报，2009，28（1）：212-216.

［82］ 龙达峰，刘俊，张晓明．陀螺测斜仪小角度井斜角测量的姿态提取方法［J］．传感技术学报，2013，（6）：883-886.

［83］ Hill K O，FujiiY，Johnson D C. et al．Photosensitivity in optical fiber waveguides：application to reflection filter fabrication［J］．AppliedPhysics Letters，1978，32（10）：647-649.

［84］ Meltz G，Morey W W，Glenn W H．Formation of Bragg gratings in optical fibers by a transverse holographic method［J］．Optics Letters，1989，14（15）：823-825.

［85］ InaudiD．Application of optical fiber sensor in civil structural monitoring［C］．// Proceedings of *SPIE* 4328，Smart Structures and Materials 2001：Sensory Phenomena and Measurement Instrumentation for Smart Structures and Materials，1. 2001：1-10.

［86］ 欧进萍，周智，武湛君等．黑龙江呼兰河大桥的光纤光栅智能监测技术［J］．土木工程学报，2004，37（l）：45-50.

［87］ Chan T，T C T H，Chan T H T，et al．Fiber Bragg grating sensors for structural health monitoring of Tsing Ma bridge：Background and experimental observation［J］．Engineering Structures，2006，（5）：648-659.

［88］ 裴华富，殷建华，朱鸿鹄等．基于光纤光栅传感技术的边坡原位测斜及稳定性评估方法［J］．岩石力学与工程学报，2010，29（8）：1570-1576.

［89］ 黎剑华，张鸿，刘优平等．光纤 Bragg 光栅在公路软基沉降监测中的应用［J］．中南大学学报（自然科学版），2011，42（5）：1442-1446.

［90］ Douglas J，RussellT F．Numerical methods for convection dominated diffusion problems based on combining the method of characteristics with finite element or finite difference procedures［J］．SIAM Journal on Numerical Analysis，1982，19（5）：871-885.